希望を捨てない市民政治

吉野川可動堰を止めた市民戦略

村上稔

緑風出版

はじめに

私は平成十一年から二十三年までの三期十二年間、徳島市議会議員として地方政治の現場からこの国のかたちを見てきました。

それまで無関心だった私が政治に関わることになったきっかけは、吉野川に巨大なダム＝可動堰を造るという国の計画に反対する市民運動でした。この市民運動は十年以上の年月をかけて、住民投票、地方議会選挙、知事選挙という大きなハードルを乗り越え、最終的に可動堰中止を勝ち取りました。

運動の主役は、タレント政治家やマスコミではなく、普通の市民たちです。

地元で暮らす普通の市民たちが、吉野川を守りたいという一念から住民投票請求に立ち上がり、議会で否決された後、選挙で自分たちが乗り込むことによって議会構成を逆転し、住民投票を実現させ、最終的に「明治以来変えたことが無い河川政策」（元河川局長談）という、国の計画を中止にさせることができたのです。

日本で初めての、大型公共事業の是非を問うこの吉野川住民投票が実施されたのは、二〇〇〇年の一月二十三日でした。もしこの住民投票によって事業が中止されていなければ二〇一三年現在、可動堰は完成して、吉野川は巨大なコンクリートの壁で堰き止められ、ヘドロの川に変わり果てていたことでしょう。

しかし、小さな市民一人ひとりが、吉野川を守りたいという想いひとつでつながり、大きなネットワークのパワーを発揮したことによって、大地をつらぬく母なる大河は、今日も悠々と変わることなく、豊かな流れを誇っているのです。

この運動の戦略と経緯を、その渦中で体験してきた私が今、確信を持って言えるのは、政治というのは、けっして「変えられない絶望的な現実」ではなく、あくまでも現実を変えるための「道具」であるということです。

それはこの民主主義という制度の中で、普通の市民の誰にでも使える道具なのです。ただ、この道具を使って現実を変えるには、強い意志と、少々嫌なことがあってもやり続ける粘り強さと、何よりも想いを共有する仲間のネットワークが必要なのです。

その新しいネットワークによるポジティブなアクションのことを、私は「市民政治」と呼び、そこに未来を切り開く可能性を探っていきたいと思います。

「希望を捨てない市民政治」というタイトルには、東日本大震災と福島第一原発事故によって、永遠に明るい将来が奪われてしまったような、これまで経験したことのない重苦しい暗雲が立ちこめている中で、日々、絶望と闘っている人たちに向けて、何とか少しでも元気を出してもらいたいという思いを込めました。

直に被災して、巨大な悲しみと苦悩を抱えている人びとのみならず、震災で崩れ去ったのが、経済効率一辺倒の成長神話であり、最新技術が幸せをもたらしてくれるという科学信仰である、ということに気づいた人たちが、例えば原発再稼動に対する住民投票やデモなどで声を上げていますが、彼らもまた、国家という動かしがたい壁を前にして、日々の希望を維持しかねているのではないかと思うのです。

「政治は変えられない、人間の果てしない欲望に対して価値観の転換などできるはずがない」との結論を出すのは簡単です。

だけど今日も、天真爛漫に通学路を通う小学生や中学生、初々しい高校生たちの姿を見るとき、私は、やはり諦めてはならない、と思い直すのです。

私たち大人の責任は、せめて持続可能な、人間として小さな幸せを感じながら一生を大切に生きていけるような社会に向けて、しんどくても前へ向いて努力を続けていくことではないでしょうか。私たち近くにいる大人が人生や世界を肯定せずして、誰がこれからの子どもたちの未来への歩みを励ませるでしょうか。希望を捨てないための闘いが今、始まっているのだと思います。

政治を志す人は、日々の生活や何かの活動を通じて壁に突き当たり、「どうしても政治を変えたい」といった、強い思いを抱いていることが、出発点として一番大切なことだと思います。しかし、今の議会は、国地方に関わらず、そうでない政治家のほうが圧倒的に多いのが現実です。とにかく政治家になるのが目的の人や、義務的に議員を出すことをルーティンワークとするイデオロギー政党や労働組合、宗教団体などから出てきた人、そして地域や建設業界の陳情口利きのための族議員等がほとんどの議席を占領しているのです。

そういった議員たちは、私の見てきた限り、少なくとも新しい時代を切り開くための政治改革には役に立たず、むしろ足を引っ張ることが多いのです。

彼らは、例えば重要議案の賛否を迫られたとき、いずれが市民にとってうるわしい選択であるかではなく、「どちらが自分に得か」をモノサシにして考えます。そして、口利きを通してもらうために市長や知事には刃向わない、ということを信条にしていますので、首長の意向に沿った賛否を表明します。これが議会と市民の「ねじれ」を生み出す基本の構造なのです。

野党も同じです。ただ損得計算のプラスとマイナスが入れ替わっているだけです。野党は基本的に、政策実現よりも「勢力拡大」を目指しています。政策実現は政権獲得のあかつきに、というわけです。そこで野党は、「賛否いずれが勢力拡大につながるか」を判断基準にします。ここでもまた、市民や町の将来のためにはどうか、といった原点が忘れられているのです。

この本では、そんな政治の変え難さの実情と原因を知り、絶望を希望に変えるための、ツボをついた市民政治とはどのようなものか、その要点を考えてみました。そして最終章では、この行き詰まったグローバル資本主義と、生き苦しさで逃げ場の無い現代社会に突破口を開く市民政治のビジョンを、自分なりにスケッチしてみました。

読んで下さった方が、希望の光を今一度心にともし、何かひとつでも未来に向けた新しいアクションを始められるきっかけを、この本の中に見つけて下されば幸いです。

吉野川流域図

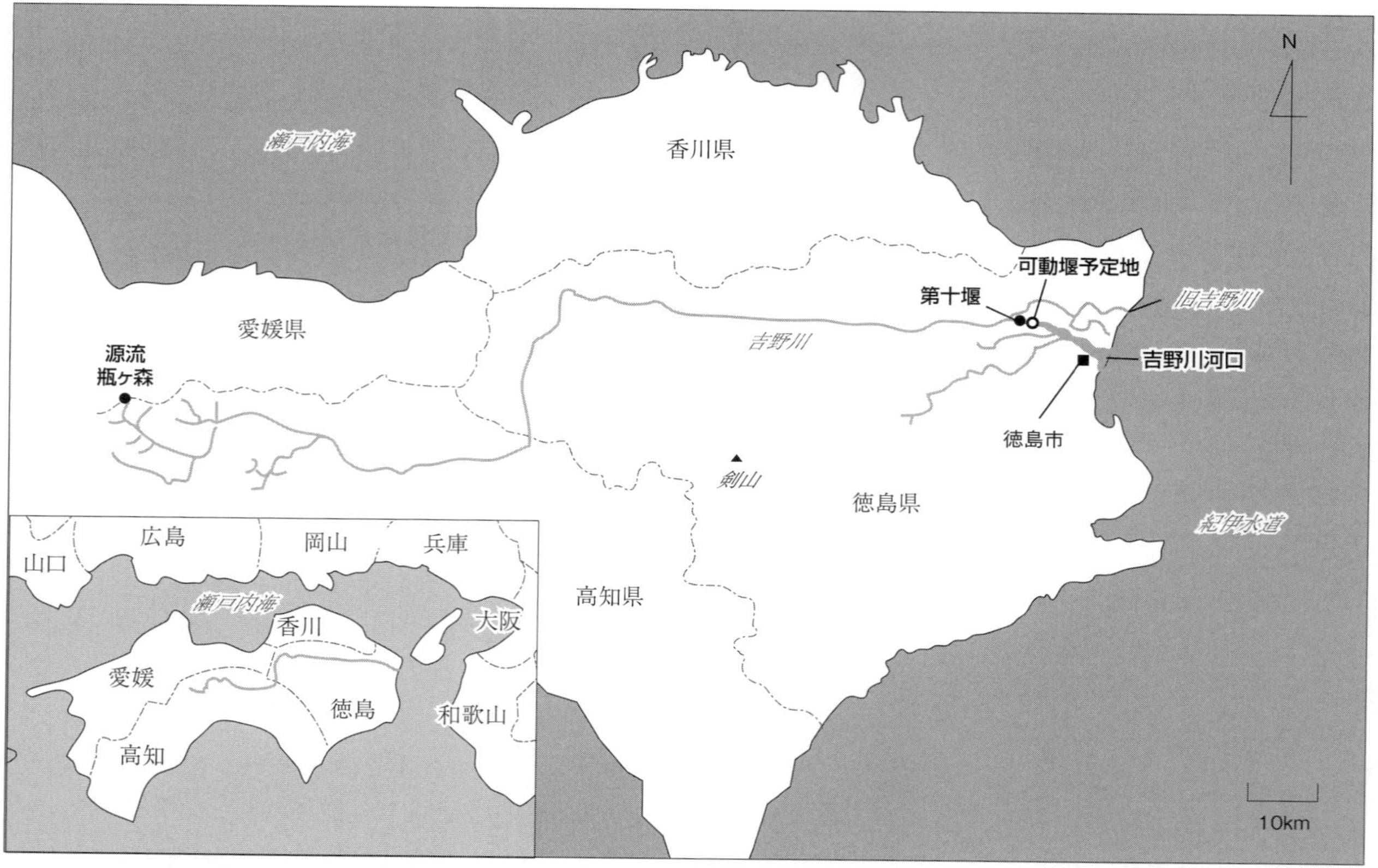

瀬戸内海
香川県
愛媛県
源流
瓶ヶ森
吉野川
第十堰
可動堰予定地
旧吉野川
吉野川河口
徳島市
剣山
徳島県
高知県
紀伊水道
N
10km
広島
岡山
兵庫
山口
瀬戸内海
香川
大阪
愛媛
徳島
和歌山
高知

目次

第一章　吉野川第十堰問題との出会い

バブル時代が終わり、故郷へ

まずは、私が政治に関わるようになったいきさつから、お話したいと思います。

私は十八歳で徳島を出て京都の私立大学に入り、卒業後もしっかりとした定職につかずにインド雑貨屋で働いたり、時代劇の撮影所で働いたり、ブラブラと時を過ごした後、契約社員という立場ではありましたが、情報産業のパイオニアであるリクルートに入社しました。

経済も流行も文化も都市集中。当時、田舎で育った若者たちの憧れは都会に出ていくことでした。四国の田舎に育った私にとっては、東京も大阪も京都も同じ都会です。そういった都会で生活をしている、というだけで何か自分が偉くなったように感じていたのです。

時代は「バブル」という熱狂を迎えていました。少ししか歳の違わない先輩社員が、分譲マンションを転がして何百万円も儲けＢＭＷを買った、というような話題が社内のあちこちで華を咲かせていました。

新人社員の歓迎会は、当時一世を風靡していたディスコの「マハラジャ」を貸し切りです。費用は一晩二〇〇万円とも聞きましたが、ハウス音楽の爆音に合わせて女子社員がお立ち台でクネクネと踊り狂う、といった有様でした。

私が担当していたのは、アルバイト情報週刊誌「B-ing」や「とらば〜ゆ」の求人広告の制作でした。週に大小二〇本もの広告を制作するハードな仕事です。締め切りは毎週木曜日と金曜日ですが、仕事が終わるのは深夜近く。勤務地は大阪の梅田のビルでしたが、京都に帰る終電が出てしまっていることも度々でした。

そんな時にはタクシーを使って帰ります。今では考えられませんが、当時はタクシーが客を選んでいてなかなかつかまらず、先輩から教えてもらったのは、流しのタクシーが来たら、一万円札をつまんでピラピラと振って見せれば止まってくれる、ということでした。つまり「私は長距離の儲かるお客ですよ」というアピールです。

こちらも別にダマすわけではありません。大阪の梅田から私の住んでいた京都の南区まで、たしか一万四千円ほどかかっていたと思います。まだ新人社員の通勤に毎週三万円ものタクシー代を使わせて、それでもガバガバと儲かっていたのが「バブル」という時代の風景だったのです。

そんなバブル経済でしたが、徐々に陰りが見え始めました。私は、何でもかんでもイケイケどんどん、給料はやるから自分はコロせ、という経済効率一辺倒の乾いた社会にも徐々に嫌気がさしていました。

そこに父がパーキンソン病という難病を発症し、家業を継ぐことになったのです。

私は、「徳島に帰ったら、乾いた都会と違って豊かな自然環境があるだろう。秘境の奥地には心洗われるような清流と日本人の心の原風景が残っているに違いない……。海の幸は豊富で美しい砂浜に囲まれ、紀伊水道の水平線から希望の朝日が立ち上る……そんな徳島に帰ろう。これからは自然の中でゆったりと暮らそう」という故郷でのライフスタイルのイメージを思い浮かべ、帰郷を決意しました。

今思えば、このイメージ（妄想？）が、それからの政治との長い格闘の伏線だったのかも知れません。

豊かな自然は妄想だった？

徳島での生活初日の夜明け前、小さい頃によく日の出を見に行った沖洲《おきのす》の海岸を目指し、父の車を借りて家を出ました。新しい徳島での生活の門出を、日の出を拝むことからはじめようと思ったのです。

ところが思い出の海岸に到着してみると、朝日どころか砂浜が埋め立てられて、何やら産業団地のように開発されています。一面背の高いコンクリートの防潮堤に囲われていて、どこからも海は見えなくなってしまっていたのです。

それではと踵を返し、少年時代によく投げ釣りに行った津田の海岸を目指して車を走らせました。しかし、そこも同様に埋め立てられていたのです。そのうち辺りは明るくなり、朝日が昇ってしまいました。

後に、私たちが主催した吉野川第十堰問題のイベントに、ゲストで来ていただいたジャーナリストの筑紫哲也さんが、「飛行機から見ると日本は『額縁列島』だ。日本中がコンクリートとテトラポットの額縁に覆われている。自然な海岸線というのがほとんど残っていない国になってしまった……」と嘆いていらっしゃいましたが、まさにその額縁化が私の故郷まで押し寄せていたのでした。

ところで私のもう一つの憧れである「秘境の奥地」「心の原風景」についても、それからしばらく後に、やはり半ば裏切られることになりました。

徳島市は一応県都、市内にはいくつかの現代美術のギャラリーがありました。そんな中で私が通う一店が「ギャラリーくらもと」でした。ある日、オーナーが自ら採ってきたという生わさびを「うまいよ、まあ食べてみ」と分けてくれました。どこで採ってきたのかと聞くと、徳島のもっとも山深いところにある「木頭村《きとうそん》」だと言います。地図を開いてその採取場所の近くを指でクルクルとなぞり、「細川内《ほそごうち》……ええとこなんやけどダムができたらダム湖の底じゃ」と悔しそうに言うのです。

私はさっそく次の日曜日、地図を片手に「秘境の奥地」へと車を走らせました。私のイメージは、奥へ奥へと進むほど、現代社会のコンクリートジャングルから離れ、鬱蒼とした原生林に囲まれて、手ですくって飲めるような澄み切った清流が流れ、次第に心が洗われてくる……というものでした。

しかし、驚いたことに現実には川はダムまたダム。小さな谷合いも、ことごとく砂防ダムのコンクリートが、びっしりと流し込まれているではありませんか。

車のフロントガラスは、ひっきりなしにすれ違うダンプカーの砂埃ですぐに汚れてしまうといった有様でした。奥地へ行けばいくほどダンプカーしかすれ違わないのです。まるで私が知らないうちに、日本中の山河をコンクリートで塗り固めてしまうという国家プロジェクトが強力に推し進められているかのようでした。

姫野雅義さんとの出会い

かくして私の、「田舎には豊かな自然が残っている」という単純な思い込みは打ち破られました。そして、このままではマズい、自分にできることを何かしなければ、という思いがこみ上げてきたのです。

自分に何ができるだろう……思いついたのは新聞に投書をするということでした。幸いリクルート時代に求人広告のコピーで文章を書くことには慣れています。そんなわけで、細川内ダム問題にはじまり、いろんな環境破壊の問題に対して、地元の徳島新聞を中心に投書をするようになりました。投書の文字数はだいたい五〇〇字。短くまとめるのは得意ですし、地方紙はそもそも投書の数が少ないのでしょうか、採用率はほぼ一〇〇%でした。

そしてこれは田舎の良さでもあり、怖さかも知れませんが、小さな投書とはいえ、地元新聞に掲載されたらそこそこの影響力があります。徳島新聞はなにしろ県下で一社独占の競合無し、全世帯の九〇%を超える購読率です。自分の投稿に対して行政の担当者から返答があったり、議会で市民の意見として取り上げられたり、これだけでもひとつの立派な社会運動になるのです。まさに「一石を投じる」という感じですね。

そんな度々掲載される私の投書に注目してくれたのが、後に吉野川の市民運動のリーダーとして全国的にも有名になった姫野雅義さんでした。


当時私は、徳島市内の般若院というお寺で主宰されている月一回の仏教勉強会に参加していたのですが、ある時その勉強会に姫野さんがゲストスピーカーとして招かれていたのです。司法書士をされているという姫野さんは、ニコニコと穏やかな表情の底に絶対不屈の闘志を秘めたような人で、吉野川に可動堰ができるという計画の問題点を、説得力のある口調で滔々と語られました。そして勉強会の後にお茶の時間となったのですが、姫野さんは私の投書を読んでくれているとのことで、住職の宮崎信也さんともども夜中まで話は盛り上がり意気投合しました。この時に出会った姫野さんと吉野川第十堰問題が、その後の私の人生を大きく政治の方向へと変えていくきっかけとなったのです。

吉野川第十堰改築に疑問あり

吉野川第十堰問題について概要をお話ししておきたいと思います。

吉野川は愛媛県に源流を発し、高知・徳島を貫いて、紀伊水道に流れ込む大河です。本州から徳島を訪れる人は下流に架けられた長い橋を渡って徳島市中心部に入ってくることになるのですが、その海かと見間違うような広大な川幅にまずは圧倒されます。

地形的にも、中流部からまっすぐに東西に流れるために、川に夕日が沈んでいくという情緒ある美しい光景が見られます。河口部は、シオマネキや渡り鳥をはじめとする貴重な生物が多く見られる手付かずの自然が残っており、豊かな生態系のゆりかごになっています。

その吉野川の河口から一四キロ程さかのぼったところに「第十堰（だいじゅうぜき、または、だいじゅうのせき）」があります。「第十」というのは地名で、十番目という意味ではありません。地元の人びとは親しみを込めて「お堰《せき》」と呼んでいます。

二六〇〇年も前の江戸時代に、農民たちが川の水を分流させるために作ったという石組みの固定堰で、上空から見るとYの字のように中央部から「上堰」と「下堰」という二段になっていることがわかります。表面は、今でこそ補修に次ぐ補修によってコンクリートで被覆されていますが、内部構造は一つ一トンもあるような徳島名産の青石をがっちりと斜めに美しく組んだもので、今でも上堰ではその一部を見ることができます。

私も中学生の頃に仲間たちと自転車でやってきては、少し水がオーバーフローする堰の上を水しぶきを上げながら自転車で走ったという思い出のある場所です。全国広しと言えども、大河のど真ん中を子どもたちが自転車で横断する、というような不思議な光景が見られたのは、ここ第十堰だけでしょう。

表面はコンクリートでも本体は石組みですから、その分流という目的に適って流れをある程度は堰き止めつつも、程よい水量が内部を透過していきます。そして石組みが自然のフィルターのような役目を果たしているおかげで、堰周辺の生態系は豊かに保たれ、直下流（とくに北岸付近）は、時期によってはまるで源流かと思うような美しい水辺空間が広がっているのです。

このいまだに機能している歴史的文化財とも言える第十堰を取り壊して、その一、二キロ程下流に新しく可動堰（ダム）を建設するという「吉野川第十堰改築計画」が持ち上がったのです。事業者は建設省（今の国土交通省）です。事業名は「改築」ですが、それは現在も第十堰は存在するので、「新しく新設するのではなくて改築である」という理屈です。改築といえばなんだか「ちょっとリフォームするだけ」のようなソフトな印象ですが、現実は第十堰を撤去して長良川と同規模の巨大な可動堰を新規に建設するというものでした。

その主な建設理由は以下の三点です。

第一の理由は、この第十堰が築造されてから二百五十年もの年月で老朽化しているということ。万一これが壊れた場合には、旧吉野川下流への分流ができなくなり、農業や工業に大きな影響が出る、というわけです。

第二の理由は、基本計画で想定された百五十年に一回の洪水時に、この堰が流れの邪魔になり、直上流がせきあげられて堤防決壊のおそれがある、というものです。

第三の理由は、第十堰の影響によって川の流れが変化球のシュートのように右曲して下流右岸にぶつかり、堤防下の川底が深く掘れて、やはり堤防崩壊のおそれがあるとのこと。

この「老朽化」「せき上げ」「深ぼれ」の三点セットが建設理由なのでした。

そして建設省は、この三つの問題点を一気にクリアーするのが「可動堰」であるというのです。ちなみに英語では可動堰もダムも同じ「Dam」。日本での使い分けは、高さ十五メートル以上であればダム、それ以下は堰という言い方をするようです。

当時は長良川河口堰の建設の是非が大問題になっていました。全国から駆けつけたカヌーイストたちが水上デモをやったりして派手な反対運動を繰り広げていましたが、この「長良川河口堰」も「可動堰」です。

吉野川の場合は、建設予定地が河口付近ではないので「河口堰」とは呼ばれませんが、規模も構造も同じような計画です。長良川の方は結局できてしまったので、その姿も有名になりましたが、コンクリートといくつもの鉄のゲートで川の流れをせき止める、という巨大構造物です。この可動堰によって、平時は水をせき止めて分流し、洪水時にはゲートを開けて水位を下げるというのです。

この可動堰建設計画に対して姫野さんは、最初から反対ありきの姿勢ではなく、「本当に必要なのか疑問がある」と訴えていたのです。自分たちのふるさとの川のかたちを大きく変える計画なのだから、そこに暮らす自分たちが、ちゃんと納得できるものにしてほしい、そのためには、まずは必要性の根拠となるデータを出してほしい、というスタンスでした。

最初から「反対運動」では、歴戦の「運動家」の人たちには分かりやすいかもしれませんがその分、そうでない普通の市民は退いてしまいます。よく見られる「ダム反対運動」では、全国から集まった人たちが騒いでいる反作用で、逆に地元の人たちは一歩引いて冷めている、といったことが珍しくありません。

徐々に国民の共感が無くなり、最終的に一部の過激な運動に煮詰まっていった七〇年安保を見てきた団塊の世代である姫野さんは、運動が孤立しないためには一般大衆の共感が絶対に欠かせない、ということを身に染みて感じていたのではないかと思います。あくまでもはじめから「反対ありき」ではなく、まずは「疑問あり」と打ち立てたのです。

その後、建設省に必要性のデータを出させては検証し、それをマスコミを通じ、またはイベントで丁寧に論破していくということを繰り返して、この第十堰問題は徐々に一般市民の関心を引き寄せていったのです。

ダム・堰計画に市民の声を

姫野さんと出会ってから何日か経って、般若院の宮崎さんから電話がかかってきました。細川内ダムや第十堰といった川の問題について、新しいアクションを起こしたいから一度集まらないか、とのお誘いでした。

宮崎さんは、大学などでも仏教を教えている学者僧であり、若い時から古い県庁舎の保存運動や反原発の運動をやってきた人で、私の仏教勉強の師匠でもあります。

そんな宮崎さんに誘われ、徳島大学の中嶋信教授の研究室に行ってみると、姫野さんはじめ、弁護士の津川博昭さん、建築家の新居照和さん、行政法学の武田真一郎さん他の先生方が、本であふれる研究室のテーブルを取り囲んでいたのでした。

そしてここに集まったメンバーを世話人として、「ダム・堰にみんなの意見を反映させる県民の会」(「ダム・堰の会」)が設立されました。代表は中嶋先生、私は事務局として係わることになりました。

当時、建設省は、岐阜県の長良川河口堰に象徴されるような公共事業批判が全国的に高まり、新しいダム事業の建設がスムーズに進まなくなっていました。そんな硬直した状況を打開すべく新しく打ち出したのが、全国十数箇所の巨大ダム事業を対象とした「ダム事業審議委員会」でした。徳島県内の対象は木頭村の細川内ダムと第十堰の二つの事業です。

この二事業に対する審議委員会の状況をウォッチして、そこに県民の意見を反映できる仕組みを提言していこう、というのがこの「ダム・堰の会」のミッションでした。

審議委員会は「お墨付き機関」

後に市会議員をする中でわかってきたことは、この「審議委員会」というのがクセ者で、ありとあらゆるムダな事業を推進する「お墨付き機関」として存在しているということです。市や県の事業でも、だいたい大きな計画にはこの審議委員会や、最近では少し巧妙になって「市民委員会」のようなものが設置されます。メンバーはだいたい十数人で、市長や知事などの首長、議員、弁護士、大学などの学識経験者、マスコミの上層部、文化人、公募の市民一、二名、などが選ばれます。

全員がイエスマンではありません。「お墨付き」の批判逃れのために、メンバーの中には最初から数人の（しかし絶対に少数になるように）批判的なメンバーも含まれています。そして最初の会で委員長に大学の先生、または弁護士などが選ばれます。その後、何回か会が開かれ、流れは多少の「想定内」の修正を加えつつも、「原案を了承」の方向へ向かいます。それが最初から打ち合わせ済みの委員長のミッションなのです。議論の結果、「原案否決」とは間違ってもならないのです。

　それでも中には多少骨のある反対意見も出てきますが、ここでそれまで居眠りをしていたその他大勢の「名誉委員」たちの出番です。彼らには論理的な意見はありません。委員長に意見を求められて言うことは、「おおむね原案通りで了承」というのが、お決まりのパターンです。

　最初からまじめに審議する気はない彼らは、一体何のためにいるのでしょうか。彼らの存在は、多数決の中での「数」という重要な役割を担っているのです。

　このようにして少数の反対意見は、徐々に「場をわきまえぬ迷惑な意見」という雰囲気を形成

3D画像や漫画を使った吉野川シンポジウムのパンフレット

され、最終的に事務局が「参考にします」「報告書に一文入れておきます」などとうやむやにされて、闇に葬られてしまうのです。

細川内ダムが中止へ

そのような審議委員会がだいたいのパターンということを経験的に知っていますから、たいてい市民運動の人たちは、いくら市民意見を聞く手法だと言われてもあまり信用していません。そんなわけで細川内ダムでは、ダム反対派の村長である藤田恵さんが、初めから審議委員会メンバーへの参加を拒否しました。

建設予定地の首長を欠いたままでは審議委員会は開催できません。知事がわざわざ木頭村にまで乗り込んで村長を説得しましたが、結果としてとうとう委員会は開催できず、最終的に亀井静香自民党幹事長（当時）が「牛の涎のようにダラダラやっていてもしょうがない」と、事実上の中止決定に至りました。一九九七年二月のことです。

やはり何かの公共事業を止めさせたいという闘いの中では、何といっても「反対派の首長」を当選させる、ということが直接的で即効性のある方法なのでしょう。しかしこれとて、その選ばれた首長がよほどの強い意志と理論武装をしていなければ簡単に崩されてしまいます。

なにせ国の役人には予算付けの実質的な権限と、百年以上にわたって蓄積された情報、そして何千人もの高学歴の人たちを中心に構成する官庁という巨大な組織がバックにあります。そんな巨大組織である官僚軍を相手に、ダムに反対するためにひょこっと首長になったような素人が、一人で太刀打ちするのは本当に大変なことなのです。

役人は莫大なデータや情報を鞄に詰め込んで、次々と説得工作にやってきます。それと同時に首長への攻撃材料を議会やマスコミへリークするなんて朝飯前です。市民ががんばって反対派の首長を選挙で通したら、それこそが民意で、この国は民主主義なのですから本当はそこで結論は出たはずですが、実際にはそこからが闘いの始まりなのです。

そんな中で藤田村長は反対の意思を貫き、ダムのない細川内の村を守り抜きました。ちなみに私は藤田村長とは個人的なお付き合いもありますが、六十代も半ばにして自転車のロードバイクを始め、「おかげで筋肉が補強されてマラソンのタイムが上がったわい」と軽やかに笑っているような、タダ者ではない精神と体力の持ち主です。

しかしそんな強靭な藤田村長でも、最高にプレッシャーが高まった時期には、東京へ行き来する飛行機の中で「この飛行機が落ちてくれたら楽になれるのになぁ」などと妄想していたそうです。藤田恵村長の奮闘記に関しては何冊かの本が出版されていますので、ご興味のある方は読んでいただけたらと思います。

審議委員会をウォッチする

話がそれました。そんなわけで細川内ダムの審議委員会は開催されず、私たち「ダム・堰の会」が取り組む対象は吉野川第十堰に絞られましたが、全国の対象となった他のダム反対運動では、この審議委員会を「ガス抜きのお墨付き機関だ」と批判することで、その存在を認めない、結論を認めない、という姿勢でした。

当時、市民運動の人たちの間でよくささやかれていたのは、建設省とデータや理屈で勝負しても勝ち目がない、それよりも「自然破壊」に対する批判や「自然保護」を一般の市民に訴えていくのが反対運動の常道だ、ということでした。

しかし私たちは、それでは最初から負け犬の遠吠えになる、と考えました。

いくら市民が審議委員会を認めない、と声高に叫んだところで、木頭村の藤田村長のように、参加しないことで委員会を実質ストップさせられるわけではありません。会場の前でバリケードを張って開催を阻止しても、会場をかえて粛々と進められるでしょう。

官僚の仕事に「停滞」はあっても「撤退」はありません。市民の抵抗など、はじめからシミュレーション済みなのですから、ちょっとした反対キャンペーンなどで彼らが怯むはずがないのです。後に残るのはシナリオ通りの事業推進の結果と、抵抗を示したという市民運動の自己満足だけなのです。

私たち吉野川の市民運動の基本姿勢は、先にもお話したように、はじめに反対ありきではなく「疑問あり」です。もっと緩やかに「質問あり」くらいに言ってもいいと思います。まずは建設省にきっちりとデータを出して必要性を説明してほしい、というのが出発点です。それを、仮にも市民の意見を聴くために設置する、という大義の審議委員会ですから、私たちの訴えを鼻から否定できるはずがありません。

それなら私たちはこの審議委員会の存在を肯定しよう、ただしその中身が本当に市民の意見を反映したものになっているかどうかを、きっちりとウォッチしていこうじゃないか、ということになったのです。

もちろんこのやり方にもリスクはあります。審議委員会にまともに関わるということは、裏を返せばその結果に権威を与える、ということにもなりかねません。注目するということは、審議委員会の決定に重みを増していくということでもあるのです。

しかし私たちは、最初からその後のパターンが読めてしまうような敗北主義にはどうしても陥りたくなかったのです。かくして一九九五年九月、吉野川第十堰建設事業審議委員会が設置され、「ダム・堰の会」の長い闘いが始まったのでした。

第二章

市民運動が民意を練った

市民運動はロッククライミング

今、私がこの「ダム・堰の会」の市民運動を振り返りながら心に思い浮かんだのは、崖を登っていくロッククライミングです。最近ではボルダリングといってフィットネスの一種にもなっていますが、スパイダーマンのように、手と足だけを使って、岩の突起や木の根っこなどの「掴み」を一つずつ探し、それがしっかりとしているか確かめながら、体重を預けて高さを稼いでいくスポーツです。

「ダム・堰の会」の運動は、このロッククライミングのようでした。命がけ、という意味ではありません。市民運動を推し進めていくには、それをやる「根拠」がなければいけません。「とにかくイヤだからイヤだ」などという子どものような論理では力強い運動は作れないのです。その運動をやる根拠、一回一回みんなに集まってもらって話し合いをしたり、イベントを企画したり実施したりする毎回の根拠が必要です。マスコミに「取り上げるべきネタである」と思わせる根拠です。

その根拠が、ロッククライミングでの掴みに当たります。しっかりとした掴みがなければ、市民運動もズルズルと落下してしまいます。「ダム・堰の会」の運動は四年間ほど続きましたが、可動堰計画の手続きの問題点を、「市民参加」という視点から一つずつ掴みながら、それを根拠に運動を展開させていったのです。

審議委員人選の公平性

一番初めの「掴み」は、審議委員会の人選ということでした。ダム堰審議委員会では、その審議委員の人選は知事がするということになっていました。しかし、当時の圓藤知事は可動堰推進の先頭に立つ人です。その知事が選ぶ審議委員が、公平に選ばれるとは思えません。というか、たとえ公平に選ばれたとしても、知事が選ぶという仕組みそのものが構造的に疑念を抱かせるものになってしまっています。これでは市民の「納得」にはほど遠いでしょう。

私たちは、可動堰反対の委員も加えるべきだ、市民代表も加えるべきだとの主張や申し入れをしましたが、結果的にやはり知事の人選ということになってしまいました。

建設省の論理の後ろ盾にはやはり、県民全体の選挙で選ばれた知事なのだから、それ以外によりふさわしい人など誰もいない、という民主主義の論理があります。私たちはそこを踏み倒して、「我々は知事に何もかも委託しているわけではない」とか「直接の利害者である市民を入れないのはおかしい」などと主張をするわけです。

しかし今振り返って冷静に考えてみると、これらの主張は一理はあるのですが、では最終的にどうやって物事を決めるのだ、とか、あなた方のリーダーを入れることに公平性はあるのか……

と問われれば、論理的には実は弱かったような気がします。

深く掘り下げていくと、そこには「意見があるのに選挙でがんばらなかったあなたたちが悪い」という論理があって、そこまで行くと私たちは逆に、民主主義イコール選挙というこの国のかたちを認めるべきなのか、それとも違うかたちに「革命」するべきなのか、という問いに突き当たります。

議会の中から変えていくのは「改革」です。今の仕組みを肯定して、その内部から変えていくというやり方です。具体的には、自分たち自身が選挙に出る、もしくは自分たちの意見に賛成してくれる議員を応援する、または圧力や説得で既存の議員の意見を変えていく、といった方法が考えられます。

一方、「議会の外」から本気でこの国のかたちを変えていくというのなら、それは「革命」というところに行き着くのではないでしょうか。

今の仕組みを「否定」して、構造に取り込まれずに外部から変えていくという姿勢です。仕組み自体を否定しているのですから、自ら選挙に出ることもありませんし、議員の誰かを代理として応援することもありません。体制は常に攻撃すべきターゲットとしてあります。議会や首長という現体制の権力そのものを否定する考えは、表面的にどんなに温和な表情をしていても、やはりそれは「革命」へのルートマップを辿っていることになると思います。

革命は「破壊」を前提とします。その目的が果たされないとき、気がつくと自分たちの組織の中で些細な戦略の違いを理由に互いに「破壊」しあうという、倒錯したとても恐ろしいところに行き着くことがある、ということも歴史が証明しています。

改革と革命は、現状への不満という出発点は同じですが、その立ち位置の違いは、絶望的な対立を生み出すことがあるのです。

たとえ地方政治であっても、政治にかかわるというのは、ある意味でとても恐ろしいことです。政治は自分だけでなく、ほかの人の人生までも左右し翻弄する営みだからです。私利私欲がなく、正しいことを言っていれば間違いはないだろう……では済まなくなるのが政治なのです。その「正しいこと」という「大義」によって、過去、幾万ものかけがえのない命が失われてきたのですから。時には戦争によって、時には革命によって。

これは自己反省的に思うことですが、当時は知事が審議委員の人選をするということに対して、あれこれと理由を述べ立てて批判をしたわけですが、ではどういった人選であればみんなの納得が得られるのか、といった論理的に完璧な代替案はこちらにも無かったのです。「みんなの納得」でなく「我々の納得」であれば、私たちの気に入った人が選ばれていれば良いわけですが、我々自身も、「民主主義の正統な手続き」と、単なる「圧力」の微妙な立ち位置であったような気がします。

何やら一人問答のような、とりとめのない話になってしまいました。話を進めましょう。

審議委員会を公開させる

さて、「ダム・堰の会」の次なる「掴み」は、審議委員会の「公開」ということでした。

あらゆる審議委員会は、民意を反映させる、ということがその目的のはずです。みんなの税金を使う政策を役人と議会だけで決めてしまうことで、うまくいかなかったり、無理があったりすることが度々あるので、わざわざ「審議委員会」を設けて、みんなの意見を聴いてみようというのが主旨です。それがそもそもの審議委員会の存在理由ですので、そこでやり取りされた内容は、当然みんなに知る権利があるでしょう。もちろん個人のプライバシーや危機管理に関する内容など、公開することが自明とは言えない分野もあるとは思いますが、この度のテーマは他でもない「公共事業」です。

人びとの生活を自然災害から守るという、議論やデータを隠す必要など全くない事業です。ましてや私たちの心の原風景であり、毎日の飲み水である吉野川のかたちを大きく変えてしまおうという巨大な事業ですから、その計画が審議される委員会の内容を知ることには、何の問題もないはずです。

そんなわけで私たちは、当然の権利として、審議委員会の公開を申し入れました。

そしていよいよ第一回目の第十堰審議委員会が一九九五年十月二日、徳島プリンスホテル（現グランヴィリオホテル）で開かれることになりました。ホテルのロビーには、公開されたら傍聴しようと、何十人もの市民が押しかけています。ところがなんとその冒頭で、委員たちはこの審議委員会を「非公開」とすることに決めてしまったのです。

最近でこそ、審議や議事録を公開しない審議委員会はずいぶん減って、オープンになってきましたが、この頃には「非公開」はまだまだ当たり前といった感覚が残っていたのです。というか、そもそも審議委員会なるものに市民が関心を示して傍聴に来る、といったこと自体が稀でしたから、委員たちは最初から「公開」などという選択肢はアタマになかったのでしょう。

しかし、繰り返しますが、災害からみんなの安全を守るための公共事業の審議委員会を「非公開」にしなければならない合理的な理由はありません。

私たちは再度、申し入れをするとともに、マスコミに対して公開すべき理由を説明しました。そして新聞やニュースが詳しく取り上げてくれたおかげで、審議は二回目からは「公開」されることになったのです。後に可動堰計画をストップさせることになる、住民運動の一番初めの小さな勝利でした。

「土俵作り」とマスコミの力

運動のリーダーである姫野さんはよく、「土俵」という言葉を使っていました。小さなものが大きなものと闘って勝つためには、まず自分たちが対等に勝負のできる土俵に相手を誘い込まなければダメだ、というのです。土俵の上では、少々体格の違いはあっても一対一です。武器は素手だけで、下手くそな技でも、押し出せばみんなが認める勝ちです。最新兵器を携えたどんなに大きな軍隊でも、一人ずつしか道を通れないジャングルに誘い込むことができれば、竹やりと落とし穴でも戦えるというベトコン戦術にも通じるものがあるかもしれません。

審議委員会の公開は、土俵の上とまではいかなくても、まずは両国国技館の門を開かせた、といった感じでしょうか。中でどんな取り組みが行われているのか、まずは観戦することができなければ、八百長だと文句をつけることもできません。

審議委員会を公開させることができたのは、現実的にはやはり「マスコミ」の力が大きかったと思います。権力の天敵はマスコミです。権力は市民運動のような「ミニコミ」など何とも思っていませんが、マスコミとなると話は別です。マスコミは世論を作ります。「世論調査」の結果によって、時の政権が右往左往している様子を見ても、マスコミの圧倒的なパワーについては説明不要でしょう。

しかし後にも触れたいと思いますが、マスコミは両刃の剣です。抵抗型の市民運動の武器としては、時にはこの上ない力を発揮するのですが、そこから一歩踏み込んで「本質を変えていく」という段階では、なかなか微妙な存在となり、時には抵抗勢力ともなるのがマスコミです。

マスコミが関心を示すのは、基本的に「おもしろいこと」だけなのです。資本主義の仕組みの中では、儲けがなければ生き残っていけません。マスコミの儲けは広告スポンサーと購買（視聴）による収入です。他社との競争の中で、よりおもしろい、より刺激のある記事やニュースを発信していかなければ、という志向になるのも無理はありません。

政治家や市民運動のようなマスコミの「利用者」も、自ずとその発信したい事柄を、よりおもしろい、より刺激的な「ネタ」として提供しなければ取り上げてもらえないのです。そして結果として問題の本質を逃してしまう、といったことが日常的にあり得るのです。もちろん読者（視聴者）の多数が、より「本質的」な報道を求めている、というのなら話は別ですが……。

さて、審議委員会が公開されたおかげで、私たちは新しいデータや説明を次々と得ることができました。そしてそれらを分析し、時には専門家のアドバイスをもらいながら、一つ一つ疑問点を抽出していきました。それを元に、審議委員会に意見書などの形で問題提起し、マスコミに取り上げてもらうことによって、第十堰問題は世間の大きな注目を集めていったのです。

必要性が揺らいだ可動堰計画

可動堰の必要性に関して、建設省が一番に強調していたのが「堰上げ」でした。

第十堰（上堰）の青石組み

先にも触れましたが、第十堰が障害になって、百五十年に一度の洪水が出た時に、堰の直上流部がせきあげられて、越流もしくは破堤の可能性があるというのです。

たしかに破堤が危険というのは真実ですが、では実際にどれだけの危険性があるのでしょうか。そして堰上げは本当に起こる現象なのでしょうか。

建設省の出してきたデータでは、百五十年に一度の洪水が来たとき、堤防高の余裕が四十二センチ足りないというものでしたが、我々が基礎データを分析した結果、それは計算上の係数を少し変えるだけでクリアーしてしまう誤差の範囲であるということがわかってきたのです。

しかも、川全体の優先順位を考えると、

河口の都市部に近いところのほうが、もっと余裕高が足りないということもわかりました。流域全体の治水を考えると、大きくバランスを欠いた計画であるということが明らかになってきたのです。

そこで私たちは、「実証実験」を求めました。第十堰のモデルを作って、実際に堰上げという現象は起こるのか、それはどの程度なのかを机上の計算でなく、実験で確かめてほしいという提案です。

これに建設省が応え、高松市の四国地方建設局で大々的な公開実験が行われました。その結果、堰上げは水位が低い段階で起きる現象であり、水位が高くなるにつれて河川の流水面はフラットになっていくということがわかったのです。つまり水量が大きくなれば、川底の形状の影響は小さくなってくるのです。

この実験以降、建設省は、堰上げ現象そのものについては、すっかりトーンダウンしてしまいました。

日本には「お上の言うことは間違いない」という感覚があるようですが、それは国民的な思い込みで、意外にそうでもないということです。大学で河川工学の勉強をしたエリートよりも、「大水の時には堰上げはおこらん」と言っていた地元の農家の人の方が正しかったのです。

次に、堰が老朽化しているから危険である、崩壊してしまうと旧吉野川の方に分流できなくなってしまう、という点に関しては、とても単純な問題で「補強をすればよい」というのが我々の主張でした。

そもそも管理責任者であるはずの建設省自身が、何十年も第十堰の補修・補強の予算を付けていないことが矛盾しています。そんなに崩壊寸前のようなものであれば、建設省は予算を付けて補修工事をしなければならないでしょう。「国民の命と財産を守る」を標榜している建設省が「そのうち可動堰をつくるから放っておけ」では通りません。

ともあれ元々この石組みの固定堰は、江戸時代以来、部分的に壊れては直すという「メンテナンス」を繰り返してきたのです。それは、水も漏らさぬようにがっちりとコンクリートで固めて生態系を断ち切ってきたこれまでの近代工法に対して、古いけれども未来型の、機能性を保ちながらも生態系を破壊しないという、知恵のある近自然工法そのものなのです。

近代は、とにかく計算できる、数値化できることだけが偉くて権威を持っているかのようですが、この世の中は数値化できるものだけではありません。川は「直線」だけの世界ではなく、有機的に曲がりくねり、常に自然現象の影響を受けて形を変えている、いわば生き物のようなものです。自然や生き物の動きを計算したり数値化したりすることは、部分的には可能でも、その全体像にはほど遠いでしょう。

計算は「知識」の世界です。しかしより現実をつかんでいるのは「知恵」と「経験」です。私は、これまでのやり方は、あまりにも知識に偏り過ぎたのだと思います。しかしこれからは、この知識に知恵をミックスし、経験を尊重して最適を選んでいくという道筋が正しいのではないでしょうか。

可動堰必要性の三点目の、水の流れが堰にぶつかって右折し、下流右岸の川底が深く掘られて危険だ、という建設省の説明ですが、これに関しては地元の佐野塚の人たちがとても説得力のある論破をしてくれました。

可動堰の建設予定地である佐野塚は、野沢菜の出荷などで大きなシェアを持つ肥沃な農村地帯ですが、元々は今の吉野川の河川敷を拡げるために立ち退きを強いられた歴史を持っています。つまり建設省が主張している「下流右岸」に関しては自宅の庭先のようなもので、川漁師などを含め、その形状については歴史的に一番よく知っている人たちなのです。

その佐野塚の人たちが、深掘れに関しては「お堰のせいでない」というのです。それは高度経済成長期、東京オリンピックや高速道路など盛んに開発がされた時期に、コンクリートの骨材として川底の砂利を採り過ぎたことが原因だというのです。

こういう地元の人たちの言葉には、いくら優秀とはいえ、数年前に転勤してきただけの建設省の役人たちには反論ができません。そんなわけで建設省は徐々に、可動堰建設の根拠を無くしていったのでした。

吉野川シンポジウム実行委員会

そんな現場の声や、あるいは専門家の意見を、理論の柱として緻密に構築していったのが、姫野さんを代表とするもうひとつの市民グループ「吉野川シンポジウム実行委員会（吉野川シンポ）」でした。

「ダム・堰の会」は審議委員会をめぐって市民参加の手続きを考える会ですが、「吉野川シンポ」は可動堰計画そのものの疑問点を訴え、時には遊びの、時には勉強のイベントを開催して、広く市民に問題の本質を広げていくという役割を担いました。

吉野川第十堰の住民投票に至る運動を盛り上げた市民グループは、この「ダム・堰の会」と「吉野川シンポ」が車の両輪でした。この二つの会のコンビネーションで理論を構築し、世論を盛り上げていったのです。

私は気がついたら、この吉野川シンポでも姫野さんの片腕のように忙しく走り回っていました。夕方、自分の仕事を終えると、あとはもう一つの仕事であるかのように「姫野司法書士事務所」に通いました。姫野さんの事務所の一角が囲われ、そこは第十堰問題の資料で埋め尽くされています。

吉野川シンポジウムのパンフレット

私が来ると、姫野さんは仕事の手を止め、応接机を挟んで向かい合います。姫野さんはいつものパターンで、ロダンの「考える人」のようにあごをチョンチョンと指で叩きながら「どうしたらええで」と問いかけてきます。

そこで私が、こんな意見書を出したらどうか、こんなイベントをやったらどうかと答えると、気に入らないときは同じポーズのまま「う〜ん」と首をひねり、的を得た時にはニヤリとして身を乗り出してきます。まるで姫野さんがデスクで私が編集部員のようです。こんな風にして運動のポイントを絞り、戦略を立て、次なるアクションを企画していったのです。

姫野さんは、青春時代の七〇年安保闘争からはじまって仕事は法律家、いうなれば筋金入りの理論家です。一方、私はバブル時代のリクルートで求人広告を作っていました。企業の社長からヒアリングをして、そのカタい考えや理念を食べやすく料理し、大衆においしく召し上がっていただくという技法を曲がりなりにも身につけていました。求人広告と市民運動、ともに「人を動かす」という目的は共通です。今思えば、広告の手法がずいぶんと市民運動の役に立ったような気がします。

「吉野川シンポ」が建設省のデータを分析して理論構築し、イベントを通じて世間に広め、「ダム・堰の会」が審議委員会の中に民主主義の真っ当な手続きを要求する、という流れの中で、マスコミの世論調査などでは、徐々に「可動堰反対」が多数を占めるようになってきました。

しかし世論の高まりに焦った審議委員会の流れは、それに逆行するようにして「可動堰容認」の方向に向かっていきました。先頭に立って推進してきた知事の選んだメンバーなのですから、考えてみれば当たり前の話です。もともと民主的な手続きをとっているような「ポーズ」だけのつもりが、潮目が悪くなってきたのです。

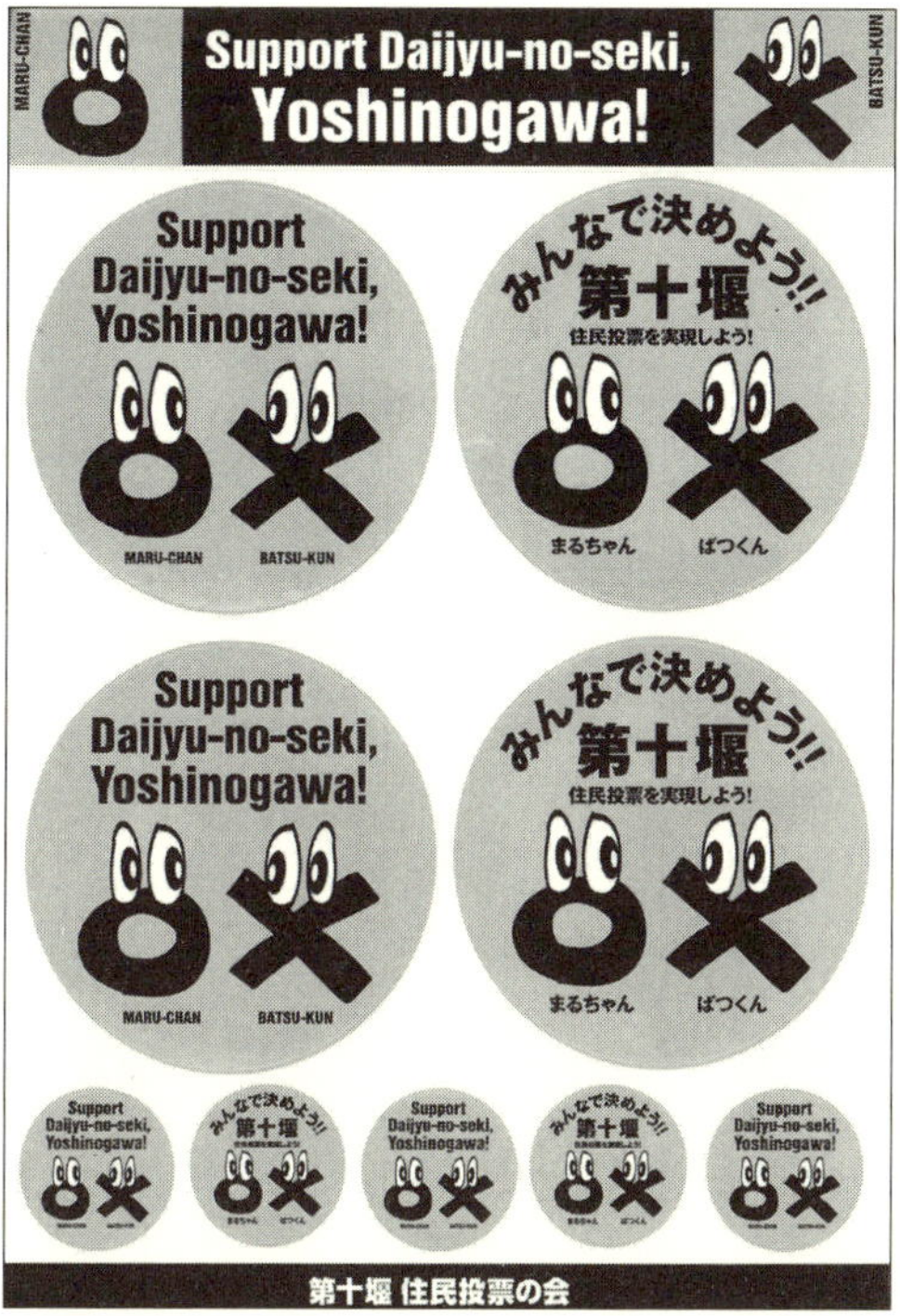

住民投票グッズ（ステッカー）

徐々に圓藤知事はじめ、推進へ向けての強引な発言が目立ってきました。

第三章　民意と議会のねじれ〜住民投票へ

参議院選挙で決着を

審議委員会と市民運動が攻防を続ける中、国政では一九九八年七月の参議院選挙が迫っていました。選挙は何と言っても「民意」という意味では一番重みを持った手続きです。選挙で明らかな争点となったイシューについては、選挙結果を無視して進めることはできません。

参議院選挙が半年後に迫ったある日、私はいつものように姫野さんから呼び出しを受けました。ちょっと普段より緊張した電話の声のトーンに、私は「これは何かあるな」と直感的に感じていました。

姫野さんの話は参議院選挙のことでした。

次の参議院選挙に、三木武夫元総理の長女である高橋紀世子さんが徳島選挙区で出馬を考えているので応援しないかとのこと。話によると、高橋さんの方から姫野さんに直接電話があって出馬の意向を伝え、なんと可動堰計画の中止を公約に戦いたいので、全面的な応援体制をもらえないか、というのです。

全県一区の参議院選挙を市民運動だけの力で戦うとなれば、生半可な気持ちではできません。しかし他でもない姫野さんは、普通の人ならビビるか、まともに取り合わないようなことでも、言い出したら実行してしまうという強靭な人なのですから、ついていく方も大変です。

それから数週間後、私は高橋紀世子さんを応援する市民の組織「きせこの会」を立ち上げ、代表の立場につきました。

弱冠三十歳の若造が、怖いもの知らずで魑魅魍魎《ちみもうりょう》の国政選挙の陣営のトップに立ったのですから、今から思えばずいぶん無茶なことをしたものです。

当然、いきなり選挙と言っても、そのイロハどころか何から手を付けていいのかさっぱりわかりません。ましてや強固な組織でなく、自由な市民による手作りの選挙です。お金も、普通の全県選挙では何億円もかかると聞いていました。

しかも徳島県は、昔は「阿波戦争」といわれて、保守系同士で選挙を戦い、陣営それぞれに十億円もの金が飛び交ったといううわさのある土地柄です。そんな恐ろしげな世界に子羊のような市民たちが乗り込んでいこうというのですから無謀と言うしかありません。

そこで私たちが思いついたのは、その数年前に話題になった宮城県の浅野史郎知事の選挙でした。宮城県では現役の知事がゼネコン汚職で逮捕された後の選挙で、当時、厚生省に勤めていた浅野さんを同級生たちが選挙に引っ張り出し、わずか数週間の活動で強力な保守系を打ち破って当選を果たしていたのです。この浅野選挙の一部始終が書かれている本を読むと、まさに我々が目指している「市民型選挙」そのものだったのです。

私はさっそく姫野さんとともに、浅野選挙を中心に担ったという同級生の方の話を聞くために、仙台にでかけました。

　仙台ではいろんな参考になる話を聞くことができましたが、一番印象に残ったのは、市民から広く選挙資金を集める「百円カンパ」でした。それは、「選挙は何億円もお金がかかる、こちらはお金がない」という自分たちの弱点を逆手に取った天才的アイデアでした。

　知事選に臨み、浅野陣営は、企業や団体からは資金はもらわない、一人一人の県民からのカンパだけで選挙をする、と宣言したのです。これが県民に受けて大ブレーク。とくに宮城県は、前知事がゼネコン汚職で逮捕されたという金のスキャンダルを受けての出直し選挙です。百円カンパ袋は初詣のお賽銭のように続々と手作りの小さな事務所に集まり、最終的には一五〇〇万円を超えたといいます。

「100円カンパ」と書かれた小さなポチ袋の裏には、浅野さんへのメッセージを書くスペースがあります。一部を見せてもらいましたが、そこにはビッチリと小さな文字でクリーンな政治への思いが書き込まれていたのです。

　このアイデアをそのまま頂戴して、私たちも「百円カンパ袋」を作り、活動を開始しました。さらに私がシナリオを描き、「きせこがゆく」というタイトルで、保守系の総理を父に持つ高橋さんが、いかにして可動堰反対を公約に出馬を決心したかを、分かりやすく説明するタブロイド判の漫画チラシを作り、配り始めました。

　そして「可動堰中止」を選挙公約にするという話は広まり、徐々に事務所は市民派の活気を帯びてきました。

可動堰反対を言わせない

ところが間もなく、出馬記者会見も近いという時期になって、何やら可動堰中止という選挙公約の雲行きがあやしくなってきました。

それというのも、そもそも高橋紀世子さんといえば保守王国徳島の本流、三木武夫元総理の娘さんです。徳島には「三木派」と言われる、かつて三木武夫さんの選挙を戦った古い重鎮たちがたくさんいます。その中には、建設業者を集票マシーンとする保守系の古いやり方の人たちもいます。そういう人たちが高橋さんの出馬を聞きつけて、「いざ鎌倉へ」と、陣営に集まってきたのです。

一票でも多くを集めたいのが選挙です。応援してやろう、と集まってくれた人をむげに断るわけにもいきません。ただ、いかんせんそういう人たちにとって、巨大公共事業に反対などという公約は、到底認められるものではありませんでした。

何と言っても建設業者は選挙のプロです。基盤のない市民運動と違って、号令一下、千人単位の大動員もかけられますし、事務所を支えるスタッフの送り込みや事務所用地の確保、プレハブの建設などもお手の物です。資金もあります。

そんな動きの中で、可動堰の是非を選挙の争点にして中止を勝ち取ろう、という当初のもくろみは、徐々にトーンダウンを余儀なくさせられていったのです。

しかし私も、「可動堰中止を公約にする」ということで、みんなに声をかけて集まってもらった手前、引き下がるわけにもいきません。直談判で高橋さんに、可動堰中止は絶対に公約にしてもらいたいと迫りました。

ところが、「可動堰反対を言わせない派」の偉いさん方は、高橋さんをホテルに缶詰めにして説得し、ついには公約にさせない、ということを約束させてしまったのです。

そしてその「言わせない派」の一人の県議が私の所にやってきてこういうのです。

「可動堰反対が公約では建設業者の応援が無いので選挙に勝てん。選挙に勝てなきゃ意味がない。無理に公約にせんでも選挙に通ってナンボじゃないか。大人になれ」。

そう、まさにこの論理こそが、政治をわかり難くさせている元凶なのです。「通らなければ意味がない」……それはそうです。しかし、そのために言いたいことが言えなくなっていくのでは、それこそ意味がないと思います。

確かにいろんな人から応援がほしいのが選挙です。そしてみんなそれぞれの考えを持っていますから、候補者は、一票でも落としたくないと思えば八方美人にならざるを得ない。挙句の果てにはっきりしたことは何一つ言えない、ということになってしまうのです。

そしてこの「しがらみ」は、当選後も続きます。政治家が、何を聞かれても言語明瞭意味不明という原因は、その多くが選挙を通じて背負い込んだ「しがらみ」によるのです。これは必然的に、組織に頼りたい規模の大きい選挙になればなるほどそういう傾向になります。

結局、高橋紀世子さんはこの九八年の参議院選挙には勝利することになるのですが、主導権は完全に「言わせない派」に取られ、選挙期間中は気の毒に西へ東へと振り回され、当選後しばらくしてから体調を崩されてしまいました。ピュアな出馬の思いを存分に発揮できず、ご本人が一番悔しかったのではないかと思います。


この一件で私が強く認識したのが、「政治は選挙からはじまる」ということです。選挙のあり方こそが政治活動の原点であり、その後の政治活動の枠組みを決定づけると言ってもいいと思います。

政治の現場は、国政であれ地方議会であれ、時に厳しい賛否の選択を迫られることがありますが、そんな時、選挙でどんな人たちに推してもらったかが、決定的な判断要因になるのです。逆に言えば、政治家を動かしたければ、やはり選挙の応援をがんばるしかないのです。

政治家も人間ですから、最終的に突き動かされるのは、理屈よりも人間関係ということになりがちです。そこを、政治家だから正しく判断せよ、と自分たちの論理を押し付けても、なかなかそれだけで考えを動かせるものではありません。

政治を変えたければ、「選挙の在り方を変える」というところから取り組まなければならないのです。

審議委員会と民意のねじれ

さて、話を審議委員会に戻しましょう。

参議院選挙では可動堰推進を公約にした自民党の現職が落ち、我々の応援した高橋紀世子さんが当選しましたが、なんとその翌日に行われた最終意見をまとめる審議委員会で、「可動堰がベスト」と強弁する圓藤知事が牽引し、強引に「可動堰が妥当である」との結論を取りまとめてしまいました。

ところが、その直前に地元のテレビ局が行った世論調査では、全県で反対が五三・七％（賛成二九・四％）、建設省が被害を受けると想定する二市九町に絞ると、五七・一％もの県民が可動堰に反対している、という結果が出ていました。

直近の選挙結果および世論調査において、県民の意思は明らかに反対多数、という数字が示されていたにもかかわらず、民意を反映させるべく設置された審議委員会が真逆の結論を出したのですから、三年間十四回にもわたって全国で一番多く開催されてきたダム事業審議委員会ではありましたが、県民は納得どころかますます不信感を募らせる結果となってしまったのです。

この間、我々「ダム・堰の会」は、実に六〇回を超えるオープンな懇談会を行い、審議委員会に対して数十通の意見書を提出し、様々なイベントを通じて県民に広く第十堰問題を啓発し続けてきたのです。

さらに世論とねじれていたのは審議委員会だけではありませんでした。

その間、派手に報道される審議委員会の裏で、吉野川流域のいくつかの市町議会が、知事と歩調を合わせるように次々と可動堰推進の議会決議を上げていきました。

そして国や県は、この議会決議こそが民意であるとして、いよいよ可動堰着工へ向けてがっちりとスクラムを組んできたのです。

それでは、そもそもこの審議委員会の存在を認めた私たちの判断は間違っていたのでしょうか。私はそんなことはないと思います。私たちがこの審議委員会の一つ一つの議論とともに付き合い、それをマスコミやイベントを通じてひろく世間に訴えたからこそ、選挙や世論調査で民意が示され、審議委員会や各議会とのねじれが明らかになったのです。審議委員会はいわば、可動堰計画のおかしさを県民に知らせる格好のステージとなったのでした。

住民投票で決めよう

そんな流れの中で、私たちの運動はある一つの局面を迎えました。可動堰建設の是非を住民自

身で決める「住民投票」をやってはどうか、というのです

私は、いつものように事務所でコーヒーをする姫野さんの口から「住民投票」という言葉を初めて聞いた時には、何のことかよくイメージができませんでした。それまでにも、沖縄の米軍基地や新潟県巻町の原子力発電所建設の是非などで住民投票が行われたということは知っていましたが、私たちの目の前のテーマである可動堰計画を住民投票で決める、という発想は私の想像力の中には存在しなかったのです。

しかし言いだしたのは他でもない姫野さんです。姫野さんが言い出すということイコール「何が何でも絶対にやりきる」ということを意味します。そして姫野さんが言い出したことを実行隊長として請負うのは私というのが、いつものお決まりのパターンなのですからタダ事ではありません。

ましてや、それまでの住民投票は、産廃施設や原子力発電所、米軍基地といったいわば迷惑施設を問うものが全てでした。国の大型公共事業の是非を問う、などという外国のような住民投票は日本の歴史において行われたことはなかったのです。

ちなみに司法書士である姫野さんは、運動の原理として「法的に重みを持つ」ということを重視していました。住民投票は議会で「住民投票条例」を制定して行う法的な手続きです。条例制定を首長や議会が自主的にやってくれればよいのですが、もともとそんな議会ならば「ねじれ」

も起こりようがないので、たいていは市民の方から要求しなければなりません。そのためには、「直接請求の署名集め」が必要なのですが、これはよくあるような反対運動の署名集めとは趣旨が異なります。

署名集めをする「受任者」を市に登録し、署名人は有権者に限られて、自筆・押印ではじめて認められる行政手続きとしての重みを持った署名です。

ちなみに、よく駅前で何かの反対署名を集めていますが、これは法的にはなんの重みも持ちません。時折、他の運動を始める人が私のところにやってきて、「署名活動をしたいが、署名簿の作り方や集め方、提出の仕方などを教えてほしい」と言われるのですが、任意の署名活動に正式なやり方などはありません。好きなようにやればいいのです。よく死んだ人や赤ちゃんの名前まで書いている、とか言われますが、別に「署名法」という法律があるわけではないのですから、それは一向に構わないのです。

しかしこれは一方で、いくら署名が集まったとして、やはり「軽く見られる」ということにもなります。行政や議会はこれを無視しても、政治的にはともかく手続き的にはなんら問題はないのです。

選挙では可動堰推進の現職が敗れ、マスコミの世論調査では反対多数、住民運動はやるだけのことはやり尽くしたとなれば、もう後は法的に重みを持つものとして考えられるのは、裁判か住民投票しかありません。

しかし国を相手取った裁判は、これまでの例からしても時間がかかり過ぎるし、拠り所を権威に求めるので市民に勝ち目はありません。なによりも裁判所という市民から隔絶した場所で、原告団という一部の人たちだけが戦うマニアックな運動になってしまいます。

私たちの目的はそもそも、母なる川である吉野川の姿を変えてしまう可動堰計画にみんなの意見を反映させたい、ということですから、それでは趣旨がズレているような気もします。

整理して考えてみると、県民の多数は可動堰に反対しているのに議会や行政は推進している、つまり選挙で選んだ議員や首長と民意が捻れている。この間接民主主義の問題点を正すのは、直接民主主義的な手続きである住民投票しかないというわけです。

第十堰住民投票の会が発足

かくして一九九八年九月、「第十堰住民投票の会」が発足しました。

代表請求人には姫野雅義さん、タウン誌出版社社長の住友達也さん、デザイナーの板東孝明さん、主婦で社会活動家の河野満里子さんの四名が名を連ね、私が事務局を担うという体制ができあがりました。

他に集まったメンバーは、吉野川シンポジウムや「ダム・堰の会」の会員をはじめ、この間、いろんな活動を通じて第十堰問題に関心を持ってくれたふつうの市民の人たちでした。個人個人はそれぞれにいろんな活動をしていたとは思いますが、会ではあえて政党や組合、業界団体やイデオロギー団体などとは一線を画し、個人の立場で参加するという基本的な取り決めをしていました。

中でも共産党関連の団体などは、いち早く協力を申し出てくれたのですが、私たちは、支援は歓迎しつつも、団体としての加入と方針への介入はお断りしました。特定の政党や団体の支援を受けると、当初は資金やスタッフなど、いろんな面で助かるかも知れませんが、そのぶん運動に色がついてしまい、一般市民の人たちへの拡がりを欠いてしまうと考えたからです。結局、党関係や組合関係の人たちは、それぞれの立場から側面的に応援してくれることになりました。

政党とは距離を保つ

市民運動のテクニックの一つとして、この点は強調しておきたいと思います。

どのような目的にせよ、住民運動として活動を広めていきたいのであれば、政党や特定の団体との関係はやはり距離を持っておくべきです。なぜならば、住民運動の目的が例えば何かの反対運動のような具体的なものであれば、選挙やイデオロギーに関係なく、共感してくれる市民はたくさんいるはずです。しかし、そこで特定の政党の「いつもの顔」が前面に出てしまうと、賛成できるものでもできなくなってしまうからです。

その理由をひとことで言うと「選挙が臭う」からです。政党が運動に協力してくれる裏の目的は、次の選挙での党勢の拡大です。運動に関係している一般の市民を選挙の際に少しでも引き寄せよう、という狙いがあるのです。もちろん一般の党員や関係団体の人たちは純粋な気持ちで共感して協力してくれているのですが、そこは政党である以上、運動の向こう側にある大目的は、政治勢力の拡大ということにならざるを得ないのです。

別に協力してくれるなら「党勢拡大」でもいいじゃないか、という意見があるかもしれませんが、やはり注意が必要です。冒頭でも書いたように、「政治」という営み全体に言えることですが、やはり「最初の動機」が思わぬところで決定的な要素になって、方向性全体を狂わせてしまうということが度々おこるのです。「方針の違い」です。

市民運動、住民運動にとって「方針の違い」ほどややこしいものはありません。七〇年安保闘争では、革命への「方針の違い」からお互いを「反革命だ」として対立し、内ゲバという暴力へと発展していったように、ちょっとした方針の違いが組織内に大きな分裂を生んでしまう危険は常にあるのです。

運動を続けていくと、当初は予想もしなかったような様々な展開をしていくことがあります。時には要求を通すために選挙に打って出る、というような事態になることもあります（我々がまさにそうでした）。そしてそんな時には決まって、政党関係とは衝突がおきるのです。「最初の動機」に「党勢の拡大」という思惑が入り込んでいるからです。

選挙になった途端、政党は「党の方針」が前に出てきます。例えば候補者選びや選挙の戦略などです。そこでは市民の自由な意見が通る余地はありません。選挙はプロに任せろ、とばかりに市民は徐々に蚊帳の外に追いやられていくのです。

そんな理由から、市民運動が最終的な勝利を勝ち取るためには、政党との関係には十分な注意が必要なのです。

レファレンダムとイニシアティブ

ここで「住民投票」について概要を説明しておきましょう。世界では様々な住民投票が行われていますが、これには大きく分けて二つの種類があります。

ひとつは「レファレンダム」。日本語で「表決」と訳されます。つまり、世論が二分される政策の決定について議会にゆだねるのではなく、直接、国民の投票で決定しようというやり方です。憲法改正の国民投票などがこれに当たりますが、我々のテーマである可動堰建設の是非など個別の事業をこの方法によって表決する法律は、日本にはありません。

そこで、もうひとつのやり方は「イニシアティブ」と言われる方法です。日本では「直接請求」と言われます。「代表請求人」が有権者の五〇分の一以上の署名を集め、自治体に対して「住民投票条例」の制定を請求する、というやり方です。

署名が提出されると、首長は自分の意見を添えてこれを議会に提出し、議会が住民投票条例を制定するか否かを議決します。議員の賛成が半数以上あれば制定されます。

住民投票署名がスタート

私たちはこの直接請求の方法で、吉野川可動堰の是非を問う住民投票条例制定を求める活動をスタートさせました。

徳島市の有権者はおよそ二〇万人ですから、法定ではその五十分の一、約四〇〇〇人分の署名を提出すれば議会にかけることが可能です。しかし、もともと可動堰推進の決議をしている徳島市議会ですから、そう簡単に条例を認めるとは考えられませんでした。

そこで我々が目標にしたのは、有権者の約三分の一以上の七万人という数でした。有権者の三分の一と言えば、首長や議員をリコールできる数です。それだけの人数が住民投票を請求すれば、さすがに議会もこれを簡単には否決できないだろうと考えたのです。

この目標を決定した会で一人の参加者が、「七万人ちゅうたら市民の三人に一人でよ。ほれは難しいでよ」と発言し、会場全体にざわめきが起こったことを思い出します。

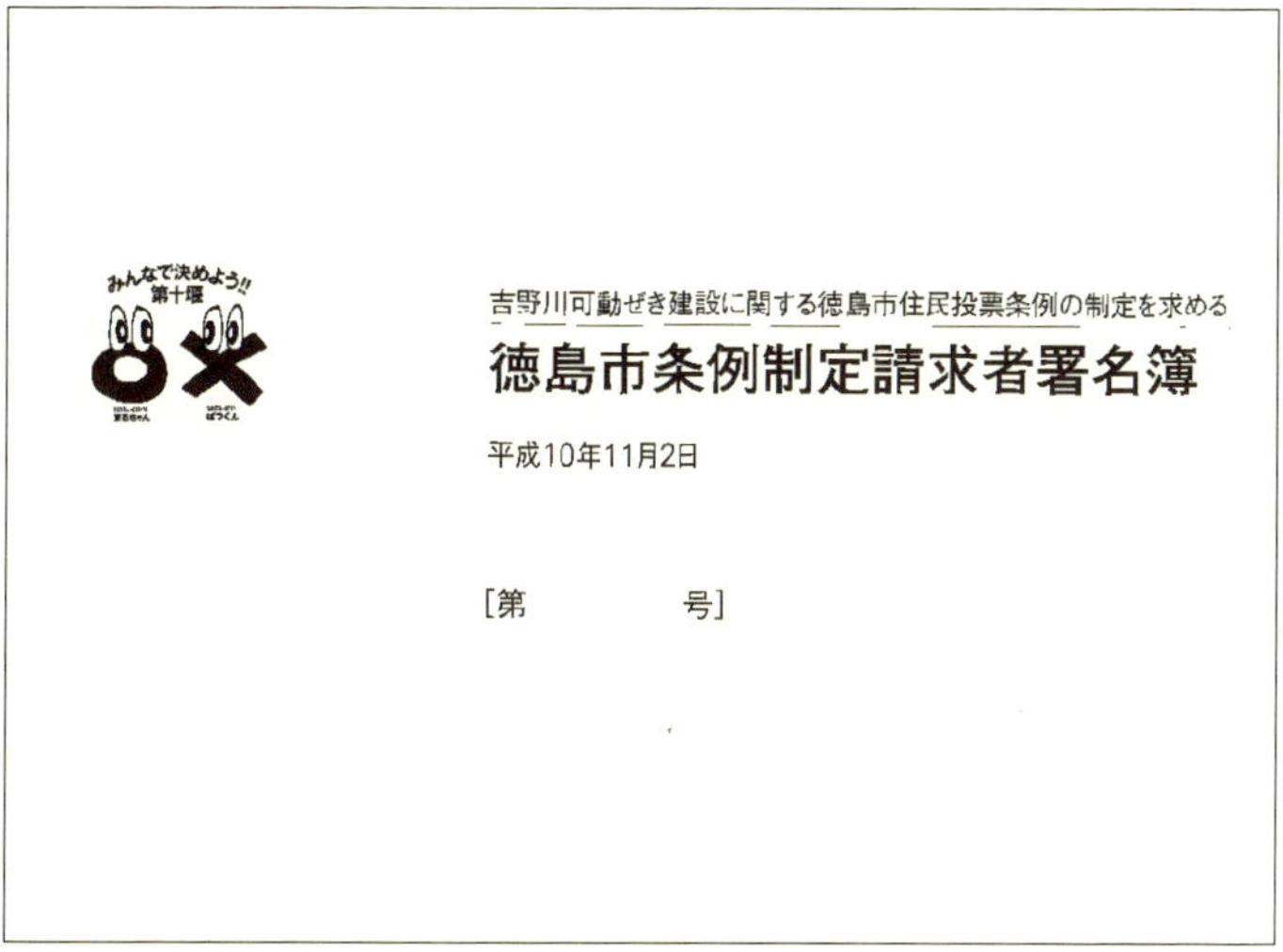
みんなで決めよう!! 第十堰

吉野川可動ぜき建設に関する徳島市住民投票条例の制定を求める

徳島市条例制定請求者署名簿

平成10年11月2日

[第　　　　号]

住民投票署名簿の表紙

ともあれ、署名数七万人という大きな目標を掲げて、住民投票の会は歩み始めたのです。

住民投票請求の署名は、選挙人名簿に載っている有権者の「自筆」で、さらに印鑑か拇印をついたものでなければ有効ではありません。「家族の分も書いておく」などといういい加減な署名は認められないのです。ふつうのいわゆる署名活動とは厳密さのレベルが違うのですから、それだけ集めるのはたいへんなわけです。ただ、それゆえに「重みを持つ」ということにつながってくるのです。

さらに、署名は誰が集めてもよいわけではありません。先にも書いたように、署名を集めることができるのは徳島市の有権者で「受任者」と言われる人たちです。受任者は住所や生年月日を書いて、徳島市に届け出をしなければいけません。

署名集めの成否は、この受任者をどれだけ多く集められるかにかかっていました。私は事務局で、この受任者の名前を取りまとめて市に届けるという仕事をしていましたが、署名開始前の数十人からはじまり、最終的にはなんと九〇〇〇人を超えるという数にまで膨らみました。受任者だけで法定の提出必要数を軽く突破してしまったのです。

「満を持して」という言葉がありますが、それだけ政治と住民意見のねじれが、爆発寸前にまで高まっていたのでしょう。最新の「ネットワーク理論」では、個々の「つながり」がある時点に達すると、一気に噴出するように顕在化するといいますが、まさにそういう状況だったのだと思います。

住民投票の会の事務所は、私が自分の仕事のお客さんに話をしたところ、「空いている事務所があるので使ったらいい」と、二階建てプレハブの建物を提供してくれましたが、この事務所も署名終盤には、あまりにも人が集まってきたので、底が抜けたらマズいと、急きょ補強工事を施したほどでした。

運動のデザインを大切にする

住民投票の署名集めは、期間が一カ月間と定められています。私たちは署名期間を、一九九八年十一月二日から十二月二日までと決めました。

初日には、華やかに署名集めのパレードが町を練り歩きました。モデルスクールの女性たちが先頭を歩き、昔ながらの住民運動からは考えられないくらい、明るく楽しげな雰囲気の中で署名集めがスタートしたのです。

そして市内の至る所で、「みんなで決めよう！第十堰」と書かれた幟がはためき、「まるちゃん、ばつくん」というかわいらしいキャラクターが、小学生たちの人気者になりました。

後になって、他所から勉強に来られた人たちに、吉野川をめぐる住民運動はいろんな印刷物やデザインの「センスが良い」とよく言われました。

たしかに私たちは、チラシやポスターやイベントの演出など、中身はもちろん手作りなのですが、最終的なデザインはプロのデザイナーの協力を得て、きっちりと美しいものに仕上げることを心がけていました。

その理由は、私たちの運動に一貫したテーマですが、とにかく自己満足にならないということです。ワープロ手作りでももちろん味がありますし、それなりに人を惹きつけるのですが、マイナーでなくメジャーな運動を目指すならば、やはりそれなりの「見え方」というのは大切です。

デザインは、恰好をつけるだけのものではありません。私はリクルートで広告制作をしていたので、効果の面からも実感しましたが、デザインは単なる飾り物ではなく、そこには「機能性」

があるのです。

例えば、キャッチコピーと本文の文字の大きさのメリハリは、ジャンプ率といって、元気さを表現したり上品さを醸し出したりします。コピーライティングも大切です。「〇〇反対！」だけでは人の気持ちに染み込んでいくことはできません。写真もやはりイキイキとしたものを選ぶべきです。

そして、できれば力のあるプロのデザイナーに、美しいタイポグラフィーできっちりと文字組をしてほしいと思います。そうすることで、きちんと世間に訴えたいという運動側の本気の姿勢が伝わるようになるのです。

もちろん私たちは広告のプロではないのですから、完璧なものを目指す必要はありませんが、大切なことはまず「一番言いたいこと」を整理して、それをプロのデザイナーにちゃんと伝えることです。そして仕上がったデザインが、その「一番言いたいこと」を表現できているかどうかをチェックする……これだけでずいぶん違ったものになってくると思います。

署名が一〇万人を突破

スタート後、署名活動は順調に進み、見るみるうちに事務所には署名簿が集まってきました。

連日のように、事務所に来てくれる熱心な受任者の人たちが、首から署名用の画板を下げて、二人一組で町へ繰り出していきます。駅前などを歩く人たちから署名を集めるためです。画板には、印鑑や拇印を押してもらうための小さな朱肉が両面テープで貼りつけてあります。

そんな精力的な活動を続け、署名期間も半ばに入ってくると、町行く人たちの間では、もうほとんどの人が署名を済ましているという雰囲気になってきました。

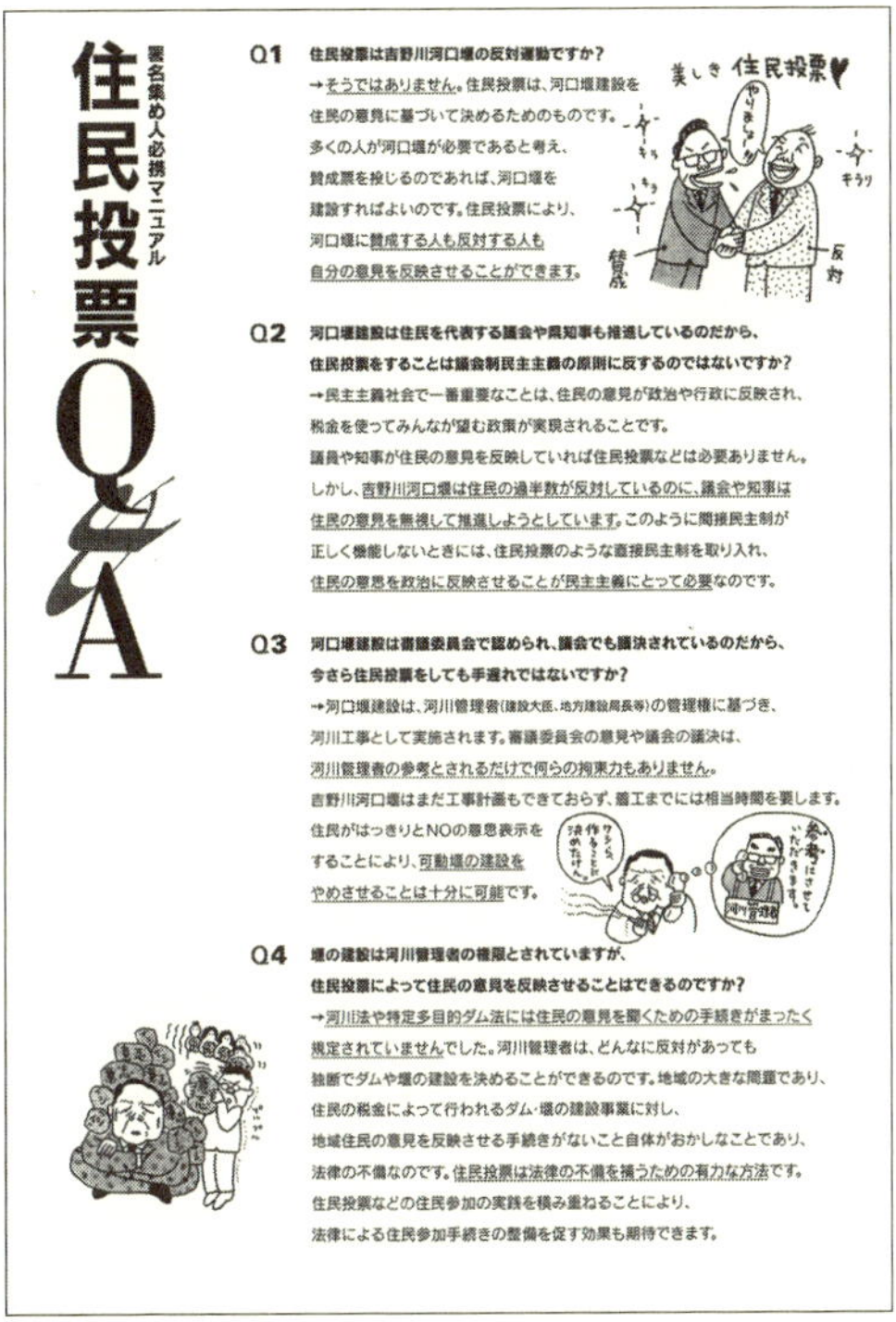
署名集め人必携マニュアル
住民投票Q&A

Q1　住民投票は吉野川河口堰の反対運動ですか？
→そうではありません。住民投票は、河口堰建設を住民の意見に基づいて決めるためのものです。多くの人が河口堰が必要であると考え、賛成票を投じるのであれば、河口堰を建設すればよいのです。住民投票により、河口堰に賛成する人も反対する人も自分の意見を反映させることができます。

Q2　河口堰建設は住民を代表する議会や県知事も推進しているのだから、住民投票をすることは議会制民主主義の原則に反するのではないですか？
→民主主義社会で一番重要なことは、住民の意見が政治や行政に反映され、税金を使ってみんなが望む政策が実現されることです。議員や知事が住民の意見を反映していれば住民投票などは必要ありません。しかし、吉野川河口堰は住民の過半数が反対しているのに、議会や知事は住民の意見を無視して推進しようとしています。このように間接民主制が正しく機能しないときには、住民投票のような直接民主制を取り入れ、住民の意思を政治に反映させることが民主主義にとって必要なのです。

Q3　河口堰建設は審議委員会で認められ、議会でも議決されているのだから、今さら住民投票をしても手遅れではないですか？
→河口堰建設は、河川管理者（建設大臣、地方建設局長等）の管理権に基づき、河川工事として実施されます。審議委員会の意見や議会の議決は、河川管理者の参考とされるだけで何らの拘束力もありません。吉野川河口堰はまだ工事計画もできておらず、着工までには相当時間を要します。住民がはっきりとNOの意思表示をすることにより、可動堰の建設をやめさせることは十分に可能です。

Q4　堰の建設は河川管理者の権限とされていますが、住民投票によって住民の意見を反映させることはできるのですか？
→河川法や特定多目的ダム法には住民の意見を聞くための手続きがまったく規定されていませんでした。河川管理者は、どんなに反対があっても独断でダムや堰の建設を決めることができるのです。地域の大きな問題であり、住民の税金によって行われるダム・堰の建設事業に対し、地域住民の意見を反映させる手続きがないこと自体がおかしなことであり、法律の不備なのです。住民投票は法律の不備を補うための有力な方法です。住民投票などの住民参加の実践を積み重ねることにより、法律による住民参加手続きの整備を促す効果も期待できます。

住民投票の会のQ&Aパンフレット

しかし徳島のような地方都市では、駅前といっても歩く人の数は限られていますので、まだまだ署名数は七万人という目標に届きません。そこで、会では戸別訪問を展開することにしました。徳島市内の一軒一軒を訪問していく大ローラー作戦です。

全市内の地図を塗りつぶしていくという気の遠くなるような計画でしたが、人海戦術というのはスゴイものです。もちろん不在の家は仕方ありませんが、最終的にはほとんどの地域を回りきってしまいました。その裏では、作戦を担当した世話人たちの凄まじい執念があったことは言うまでもありません。

そんな嵐のような日々も終盤にさしかかったある日、事務所に警察から一本の電話がかかってきました。署名集めで何か問題が起こったのかと緊張が走りましたが、聞いてみると、ある件で検挙した容疑者が住民投票の署名簿を持っていて、それを会の事務所に届けてほしいと言っているので警察まで取りに来てほしい、というのです。事務所では、おかしいやら感心するやらで盛り上がりましたが、それくらい町全体に署名集めが行き渡っていたのです。

そして最終的に署名数は、目標の七万を大きく超えて一〇万一五三五筆に達しました。有権者のほぼ半数です。市民の三人どころか二人に一人が住民投票を請求する、という前代未聞の事態になったのです。

徳島市議会、住民投票を否決

集まった一〇万一五三五筆の署名は、年が明けて一九九九年一月十三日、三十二箱の段ボールに詰められて、徳島市長に届けられました。会のメンバー一人が一箱ずつ両手に抱え、列になって市役所に入っていく姿は、テレビのニュースで全国放送され話題になりました。

署名を添えて請求された住民投票条例案は、市長の意見を付けて議会に提案されることになっています。私たちは、何とか過半数の議員に賛成してもらえるよう、個別に各議員の支持者に働きかけたり、意見ハガキと議員の住所録を作ってハガキ陳情大作戦を展開したりと、思いつく限りの運動をやりました。

そして翌二月二日、小池正勝市長は「住民投票は必ずしも必要ない」という市長意見を付け、条例案を議会に上程しました。これを受け、市議会では七日間の臨時議会が開催され、多くのメディアと傍聴者が押しかけましたが、最終日の二月八日、賛成一六人、反対二二人で、市民が求めた住民投票条例を否決してしまったのです。

第四章　あきらめない〜自分たちが選挙に出よう

あきらめる、とは認めること

さて、私たち市民はこの結果をどう受け止めればいいのでしょうか。難しく考えるときりがありませんが、シンプルに言って答えは二つです。

一つ目は「あきらめる」こと。「自分たちはよくやった。悪いのは議員たちである」と。世の常として悪いのは政治家、自分たちはかわいそうな善良な市民である、というわけです。しかしこういう考え方の行き着く先はどこでしょうか。

例えば「選挙には行かない、あほらしい」といった無関心かもしれません。だけど考えてみてほしいのです。環境問題について語られるときに、この地球上のすべての存在は互いにつながっていて、自分一人の行動が多かれ少なかれ他のすべてに影響を及ぼしていると言われるように、「民主主義」の中では、「選挙に行かないこと」は、決して「自分は政治的に純粋無垢なピュアな存在である」ということにはならないのです。

日本人である以上、私たちは成人になれば、嫌でも有権者になります。有権者である、ということは「分母である」ということを意味します。

つまり、私たちが選挙に行かない時の「ゼロ票」は、決して今の政治への不満の意思表示といった積極的な意味にはならなくて、それは言うなれば「一分のゼロ」ということです。「一分の」

が意味するのは、「選挙結果の肯定」です。つまり選挙に行かなかった人は、選挙結果と関係がないのではなく、選挙結果を「肯定」しているのです。誰が議員に選ばれても「私は認めます」ということになるのです。もっというと、「私は認めません」ということにはしてくれないのが、民主主義なのです。

長くなりましたが、そういう無関心が「あきらめる」ということの行き着く先です。

さて、ではもう一つの答えは何でしょうか。その反対、「あきらめない」ということです。「あきらめない」ということ、それは自分たちで議会を変える、ということです。民主主義という政治体制を認めるならば、それがポジティブなあるべき姿だと思います。

「一点突破」で全面展開するか

福沢諭吉が『学問のすすめ』の中で、「政府の決めた事は守るべし、しかし、それがおかしいと考えるならば、守りつつも徹底的に言論で闘うべし」といった意味のことを述べていますが、まさにそういうことだと思います。

かつては小泉純一郎首相が、郵政民営化というワンイシューで、最近では大阪市の橋下市長がそういう形で議会構成を変えることに成功していますが、政策の是非はともかく（私自身は両者とも共感できない部分が多いのですが）、いかに乱暴な印象であれ、それは民主主義の手続きの中では、決して間違った方法ではないのだと思います。

これはなかなか古い常識やしがらみに縛られていてはできないことですから、両者とも、やはり国民には人気があります。

ただ、このようなやり方には大きな問題点もあります。「一点突破」のはらむ問題点です。昔の学生運動や組合運動の中でも「一点突破全面展開」というスローガンが叫ばれていたようですが、要するに一つの問題、ワンイシューだけ（学生運動ではそれが「日米安保」）を政治の争点にして、それをバネに体制全体の改造を図るという戦略です。

これは国民に分かりやすく、マスコミもおもしろいので取り上げやすくなり、争点化にはたいへん有効な戦略です。運動員も、一つのことに共感してくれるなら「味方」、反対ならば「敵」という分かりやすい図式になるので、自ずと盛り上がりやすくなり、選挙を戦う原動力としては、これ以上はないものになります。

しかし、これはつまらない正論になるかもしれませんが、人間の営みは単純ではなく、いろんな面があります。他の人が、ひとつのことで共感しても、他の面では正反対である、ということはよくあることです。ましてや政治は本来、人の人生のあらゆる営みに多かれ少なかれ関係しているものです。

アリストテレスもその『倫理学』の中で、あらゆる仕事の中で、政治がもっとも「棟梁的」な位置にある、と述べていますが、そういった政治のカタチを、たった一つの賛否だけをモノサシにして決めてしまうのは、いかにも荒っぽいやり方ではあります。

ただそうはいっても、では現状の議会がアリストテレスの言うように、国民があらゆる視点から最もふさわしい「棟梁」を選んでいるのか、と言えば誰もが首をひねるでしょう。

矛盾したことを言うようですが、私自身の考えは、今の硬直した議会を揺さぶるには、やはりそれだけ起爆力のあるイシューを仕掛ける、というのは、否定できない方法ではないか、と思うのです。

大切なのは、そういったやり方の問題点を、どこかできちんと認識しておくということだと思います。大衆を先導する人は、常にどこかでそういう冷静な目を持って、時には水をかけるぐらいでないと、間違った方向に行ってしまう可能性が大きい気がします。その点、ファシズムも革命も似たり寄ったりなのではないでしょうか。

選挙に打って出る大義

さて私たちは、有権者の半数の一〇万という住民投票要求の署名を、たった四十人の市議会議員に否決され、どちらを選んだか……やはり私たちは「あきらめない」という道を選んだのです。選挙という正当な手続きに則って「議会を変える」ということです。自分たちの仲間を複数、議会に送り込んで議会の構成を逆転させ、住民投票条例を可決させようという挑戦です。

これは、先ほどの話と照らし、果たして「大義」はあるのでしょうか。私は、大義はあると考えました。

この国の政治制度は民主主義です。「主権者」は国民です。この国のルール（法律）は主権者である国民が決めることになっていて、国王や、特権のある偉い人が決めるということにはなっていません。

民主主義がベストの制度ではない、とはよく言われることですが、少なくとも今発明されている制度の中で最も間違いが少ないのではないか、と言われています。ともかく、この国の主権者は国民なのです。

私たちの住民投票の要求は、吉野川に可動堰を造るか否かを、そこに住む自分たちの意見で決めさせてほしい、というものでした。この要求自体は、地方自治法の第七四条で保障された権利で、この国の国民として、どこから見ても正当な手続きです。ましてや要求している中身は、「今、建設省や議会で推し進められようとしている吉野川の可動堰建設に対して、本当に知事の言うように建設を求める声が多いのかどうか民意を聞いてみてほしい」というものです。

そして、その投票結果に「我々も従う」と言っているのです。実際に代表の姫野さんはマスコミの記者に、「もし投票の結果、可動堰建設に賛成の意見が多かった場合、従うのか」と問われ

「従う」と答えています。どこから見ても、全くフェアな要求ではないでしょうか。

今回の署名数は十万人超。これは四十人の議員の選挙時の総得票数を上回る有権者の要求なのです。議員は、市民から選ばれて代表になっているのですから、本来これを否定できるはずがないと思うのです。

議会での彼らの理屈を一言に集約すると、「このような専門的な問題を市民にゆだねることはできない。これは（建設官僚という）専門家が決めることである」ということです。

それでは自分たち議員の立場とは一体何なのでしょうか。専門的な難しいことは役人が決め、それがもっとも正しいのならば議員などいらないはずです。

この無理解に、今の議会の根本的な問題があるのです。

それではこれまでの議員の存在の意味とはどのようなものであったか。一言でいうならば、「口利き」という言葉に尽きるでしょう。公共事業にしても、就職のコネにしても、何か行政を動かしたいときに、口利きをして有利に事が運ぶようにする……というのがこれまでの古い議員のアイデンティティだったのです。

そこには、行政全体の政策について、その是非をとやかく議論する、などという役割があることすらこれっぽっちもアタマにありません。

戦後の焼け野原から高度成長期のイケイケドンドンの時には、それはそれなりに存在価値があったのでしょう。いわゆる田中角栄型というやつです。地元が公共事業で潤えば、みんな感謝してくれます。その時代には、税金が足りなくなるという「財政問題」や「環境問題」など、想像にも及ばなかったのです。

問題は、そんな時代が過ぎ去って、今や国家が破綻するのではないかと危惧されるような深刻な財政問題や、地球規模での温暖化の問題などが我々の目の前に立ちふさがっている、ということです。

こんな時代に、そういう時代遅れな議員など、役に立たないどころか害でしかないのですが、現実は残念ながらまだほとんどが、旧時代の価値観を引きずっている人たちが議会の多数を占めているのです。

ガス抜き議員では意味が無い

さて、私たちが選択したのは、自分たち自身が議会へ乗り込んでいくという道です。素人の市民が、塀の向こうへ入っていこうというのです。

こういう道を選んだ以上、オリンピックではありませんが、参戦するだけで意義がある、とは言えません。打って出るからには、絶対に勝たなければ結果はゼロになってしまうのです。やみくもに出るのではなく「勝算」が必要です。しかもその勝算というのは、ただ私たちの誰かが出て、当選すればそれでいい、というようなものではありません。本来の目的である住民投票を実現させてはじめて「勝った」と言える戦いなのです。

それまでの市民運動にありがちなパターンは、とにかく八つ当たり的に、一縷の望みを抱いて出る、というものでした。

「市民派選挙」で、「議会を変えよう！」などというスローガンがよく叫ばれますが、得てしてそれは、何十人もの議会に、せいぜい運動の中の誰か「一人」が乗り込んで行って、議会の中で「発言権」を持つというような、小さな思考の枠組みの中でのことでした。

しかし実際は、古い価値観の議員の中に、たった一人で乗り込んで行っても、議会という閉じられた村の中では、ほとんど大勢に影響を与えることはできないのです。

もちろん発言権はあります。本会議場で時間をもらって、市長や知事に鋭い追及をすることもできます。しかし最終的に議会は数の論理です。いくら爆弾質問で職員たちを震え上がらせたとしても「結果」を出せなければ、それはただの自己満足に過ぎないのです。

営利事業では、いくら努力をしたところで、結果（利益）が出せなければ評価に値しませんが、政治でも同じことが言えるのではないでしょうか。

大きな声で市長を責めたてても、実際の政策を変えさせる、もしくは自らの政策を実現させることができなければ、それは自己満足でしかないでしょう。いくら仲間の市民たちに傍聴してもらっても、それだけでは直接的な力にはならないのです。

耳の痛い、もしくは反論したい「市民派議員」の人も多いかと思います。

しかし少数の市民派議員の存在は、行政サイドから見ると、市民の「ガス抜き」として、実は都合よく見られているふしさえあります。言いたいことを「代表」に言わせておいて、爆発する前に市民の不満のガスを抜いてしまおう、ということです。

行政は、とくに箱モノ事業の計画などでは、市民の中にある程度の反対があるということはあらかじめ織り込み済みです。そういう意味から考えると、大勢に影響を与えない程度の、たった一人の市民派議員の存在などは、実は行政にとっては「いてもいい」存在なのです。

共産党なども同じです。共産党は、例えば保守系首長の計画する様々な事業に、ことごとく反対をしますが（まあ私もそうでしたが……）、それは行政にとっては「歓迎」という部分も無くはないのです。

共産党が反対をしてくれる「おかげ」で、多くの「反対分子」の市民を、共産党という、保守系からは嫌われた枠の中に押し込むことができ、反対勢力が、市民全体に拡大するのを防ぐことができるからです。

もっと言うと、共産党自身もそのことをわかっていて、その対立の「果実」として少しでも市民の中に党勢拡大ができればいい、と思っているのではないかと、私には感じられるのです。

つまり、私に言わせれば「保守」も「共産党」もともに依存共存し、互いに支えあっているようにすら見えるのです。

希望を取り戻すための勝算

さて私たちは、そんな不毛な政治ゲームから脱して、現実を変えていかなければなりません。市民政治について考えるときには、まず、この枠組みをしっかりと認識しておいてほしいのです。共産党議員も、「正義の市民派議員」も、得てして市民の「ガス抜き議員」になりがちなのです。もちろんそれぞれの議員たちはとてもまじめな活動をしていて、彼らから学ぶことが多いのも確かです。しかし、俯瞰してみると、そういった構造の中に取り込まれてしまっているのです。ガス抜きや自己満足でなく、本当の意味で「希望を取り戻す」ためには、そこのところを徹底して考え抜くことが必要なのです。どうすれば本当に現実を変えることができるのか、安易でわかりやすい方向でなく、「実をとる」ための戦略を考えてほしいのです。

自分たちの身近な政治を変えるためにすることは、仲間を議会に送り込むことでしょうか、もしくは自分たちの仲間から首長を出すことでしょうか。

いや、それらは「目的」ではなく、ただのプロセスに過ぎません。「具体的」に何のために議員を送り出すのか、首長を作って、それからどういう戦略を描いていくのか……そういったビジョンをしっかりと描いておくことこそが、「希望」へとつながっていく市民政治の方向性なのです。

よくあるのは、議員を出したら最後、あとはその人に任せてしまうというパターンです。自分たちの仕事は選挙までで、あとはお任せというわけです。これでは、旧来の議員となんら変わりません。任せっきりで成果が出せたら評価し、出せなかったらその人の無能を責める、もしくは賛同しない他の議員を非難する、という後戻りです。その結果としてもたらされるものは、さらなる政治不信の深まりでしかありません。

議会の中は数の世界です。いくら正しいことを言っても、数が一つでも足りなければ負けてしまいます。

私たちの考える「勝つ」というのは、「吉野川可動堰建設の是非を問う住民投票条例を制定する」という意味です。打って出る以上、条例を制定しなければ意味がありません。そのための答えはただ一つ、「議会構成の逆転」です。私たちの条例に賛成する議員の数を、多数派に逆転しなければならないのです。

選挙をしたことのある人であればわかると思いますが、普通の市民をたった一人、議会に送り込むだけでも本当に大変なことなのに、なんの組織も持たない素人の市民たちが、議会全体の構成を逆転してしまおうというのです。

さて、市民による住民投票条例の直接請求を否決した徳島市議会の構成は、賛成が十七人、反対が二十二人でした（議長は賛否に含まれない）。その差は二十二引く十七で五です。五人分の議員を逆転させなければ条例を制定することはできないのです。

定数は一定ですから、逆転させるためには否決議員を三人落として、逆に賛成議員三人が新たに通らなければなりません。そして新人もすべて賛成ではありませんから、単純に自分たちの仲間を五人出せばいい、という話ではないのです。

これまでに賛成してくれた議員を一人も落とさずに当選させつつ、さらにその上に、我々の仲間を三名以上当選させなければならないのです。

自分たちの候補者の応援だけでなく、他の候補者まで当選させたり、落選させたりすることなど、本当に可能なのでしょうか。

しかもそこには、「公職選挙法」という時代遅れの法律が、私たちの行く手に立ちはだかっているのでした。

公選法（公職選挙法）が、なぜ行く手に立ちはだかるのかといえば、そこに定められた「選挙活動」は、選挙の告示（公示）から投票日前日までの期間、徳島市議会でいえばわずか一週間の間だけに許された活動で、それ以前に行えば「事前活動」とされて、法律違反になるからです。

それはヘンだ、いくらでもやっているじゃないか、という声が聞こえてきそうですが、よくある事前の活動は、「選挙活動」ではなくて、「政治活動」といわれるものなのです。そんなの屁理屈だ、と思われるかもしれませんが（いや実際にそうなのですが）、例えば、告示前に配られるリーフレットを隅々まで読んでみてください。どこにも「私に票を入れてください」といった投票を促すような表現は見当たらないと思います。

それは、各々の「後援会活動」であり「政治活動」であって、「選挙活動」には当たらないのです。つまり、私たちの活動も「私たちが立てた候補者は住民投票を実現させるので投票してください」と訴えることはできないのです。せいぜいできるのは、「住民投票を実現させたいので、ぜひ自分の後援会に入って下さい」という、靴の上から足を掻くような活動なのです。

現職の議員は他にも、例えば「議会報告ニュース」を配ることができます。自分の議会での質問内容などの活動をニュースにして、新聞折り込みなどを使っていくらでも配布することができるのです。

実際に投票をお願いできるのは告示後のたった一週間だけ、それも、非常に制約された方法だけが許されているのですから、いかに新人にとって、新しく議員になるのが難しいか、お分かりになると思います。そんな活動の制約の中で、先に書いたような「議会構成の逆転」を目指そうというのですから、ふつうに考えれば無謀というほかないのです。

市民を信じる一枚のチラシ

そんな難易度の高い挑戦に、私たちもはじめから勝算があったわけではなく、何日も何日も、みんなが顔を突き合わせてはため息をつき、状況を打開しようともがく日々が続いたのです。
　そして編み出したのは、これ以上にないようなシンプルな作戦でした。それは、たった一枚のA4サイズのチラシをみんなでひたすら撒きまくる、という誰にでも参加できる分かりやすい戦術です。そしてこれは、例の公選法に照らしても、決して抵触しない堂々とした市民活動でもあ

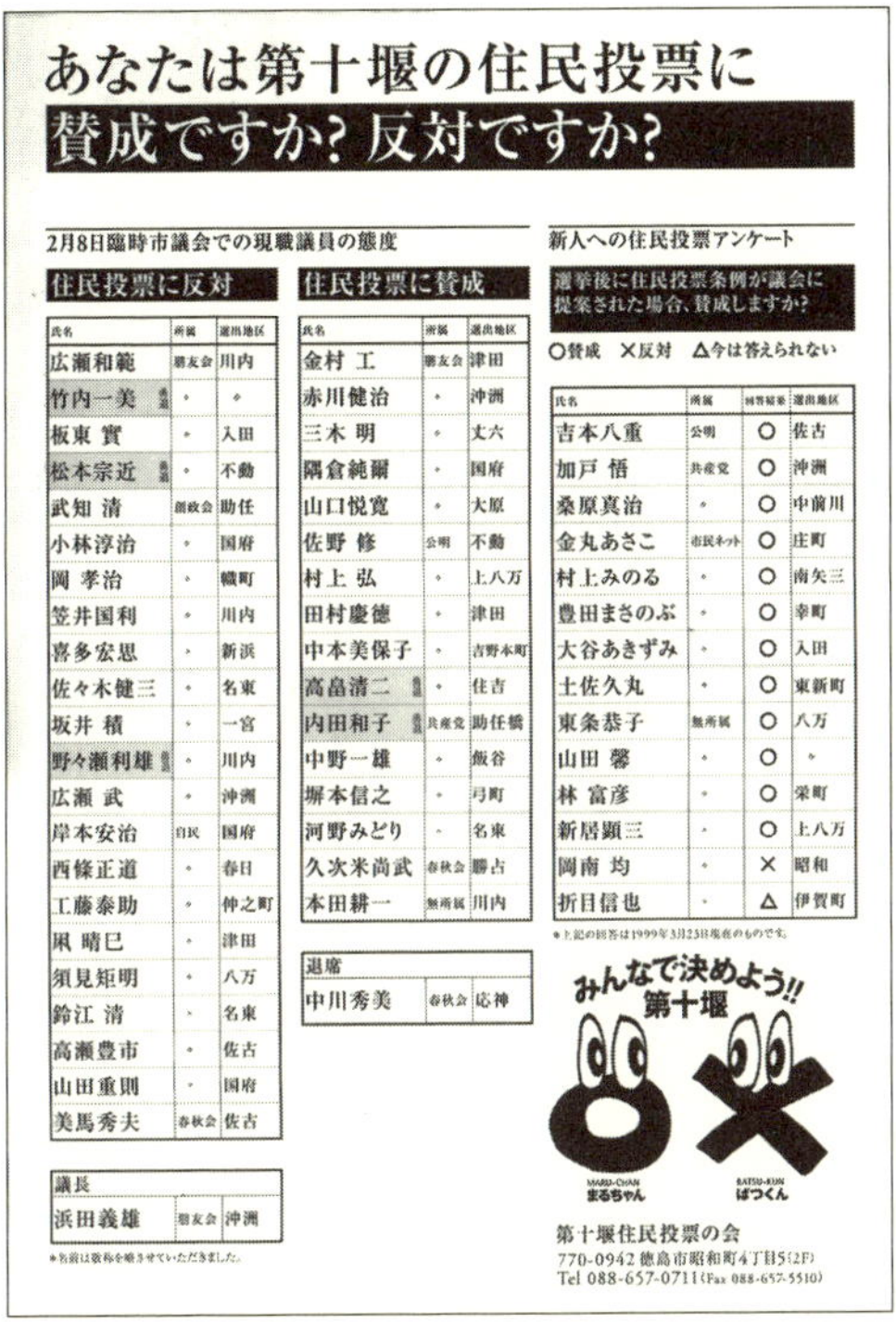

あなたは第十堰の住民投票に
賛成ですか? 反対ですか?

2月8日臨時市議会での現職議員の態度

住民投票に反対

氏名	所属	選出地区
広瀬和範	県友会	川内
竹内一美	〃	〃
板東 實	〃	入田
松本宗近	〃	不動
武知 清	創政会	助任
小林淳治	〃	国府
岡 孝治	〃	籠町
笠井国利	〃	川内
喜多宏思	〃	新浜
佐々木健三	〃	名東
坂井 積	〃	一宮
野々瀬利雄	〃	川内
広瀬 武	〃	沖洲
岸本安治	自民	国府
西條正道	〃	春日
工藤泰助	〃	伸之町
凩 晴巳	〃	津田
須見矩明	〃	八万
鈴江 清	〃	名東
高瀬豊市	〃	佐古
山田重則	〃	国府
美馬秀夫	春秋会	佐古

議長		
浜田義雄	県友会	沖洲

*名前は敬称を略させていただきました。

住民投票に賛成

氏名	所属	選出地区
金村 工	県友会	津田
赤川健治	〃	沖洲
三木 明	〃	丈六
隅倉純爾	〃	国府
山口悦寛	〃	大原
佐野 修	公明	不動
村上 弘	〃	上八万
田村慶徳	〃	津田
中本美保子	〃	吉野本町
高畠清二	〃	住吉
内田和子	共産党	助任橋
中野一雄	〃	飯谷
塀本信之	〃	弓町
河野みどり	〃	名東
久次米尚武	春秋会	勝占
本田耕一	無所属	川内

退席		
中川秀美	春秋会	応神

新人への住民投票アンケート

選挙後に住民投票条例が議会に提案された場合、賛成しますか?

○賛成　×反対　△今は答えられない

氏名	所属	回答結果	選出地区
吉本八重	公明	○	佐古
加戸 悟	共産党	○	沖洲
桑原真治	〃	○	中前川
金丸あさこ	市民ネット	○	庄町
村上みのる	〃	○	南矢三
豊田まさのぶ	〃	○	幸町
大谷あきずみ	〃	○	入田
土佐久丸	〃	○	東新町
東条恭子	無所属	○	八万
山田 馨	〃	○	〃
林 富彦	〃	○	栄町
新居顕三	〃	○	上八万
岡南 均	〃	×	昭和
折目信也	〃	△	伊賀町

*上記の回答は1999年3月23日現在のものです。

第十堰住民投票の会
770-0942 徳島市昭和町4丁目5(2F)
Tel 088-657-0711(Fax 088-657-5510)

議会を逆転させたA4チラシ

ったのです。

そのチラシとは、Ａ４サイズの黄色い紙に、住民投票条例に賛成した議員、反対した議員、退席した議員、さら新しく出る立候補予定者からも賛否のアンケートをとって、その結果を一覧表にしただけのものでした。

とても無機質な情報の羅列で、どこにも「住民投票に賛成の人に投票してください」とは書かれていませんし、ましてや私たちの候補者を推薦するような表現すらありません。

いったいこれは何なのでしょうか。ここには何のメッセージもなく、単なる「情報」しかないのです。誰が住民投票に賛成したか、誰が反対したか、また新しい候補者は誰が賛成で誰が反対なのか、それが一目でわかるだけのシンプルな情報です。

この宣伝ともいえないチラシを、私たちは市民全員に行き渡るまで徹底的に撒きまくろう、という作戦を立てたのです。

つまり私たちの考えは、自分たちが「この人に投票してください」と「お願い」するのではなくて、市民の皆さん一人一人が、この客観的な情報を見て自分自身のアタマで考え、投票行動をしてくださいという、各々の自立した行動を促すメッセージを発信しよう、ということだったのです。

そしてそのココロは、市民一人一人がけっして「しがらみ」ではなく、吉野川のこれからに自分たちの意見を反映させたいと願うならば、必ずやそれは選挙結果というカタチになって現われるであろう、という祈りにも似た気持ちだったのです。

これぞ究極の市民自治ではないでしょうか。「市民を信じる」という思想は「住民投票」の思想そのものでもあります。

そしてこの一枚のチラシが、結果的に市議会をゆり動かし、全国に市民政治の「希望」をもたらすことになったのですが、そこに至る道筋は決して一筋縄ではありませんでした。

出てくれる候補者を探す

話は多少前後しますが、選挙に打って出るには、まずは最低条件である「候補者」を探さなければ始まりません。立候補というのは口で言うのは易しいのですが、いざ自分が、となれば、誰でも尻込みするものです。選挙はとても大変そうですし、みんな自分の現在の立場というものがあります。選挙に出るということは、それだけで「出たい人」というカラーがついてしまいますし、仕事や後々の人生に影響します。

さらに大きなハードルは家族です。本来は、自分自身の決断と勇気の問題のはずですが、市会議員といえども、選挙というのはなぜか（アメリカの大統領選挙でもないのに）家族が重視され、有権者からチェックの対象として見られるのです。

既婚男性が候補者の場合は、その妻の素行が、「内助の功」などととやかく言われます。選挙時における家族のストレスは絶大です。本人一人の決断と責任で済むのならいざ知らず、その決断が家族にとって、時には大迷惑にもなるのですから、立候補というのは本当に大変なことなのです。

そして、ふつうの人が立候補することを阻害している一番大きな問題は、例えば会社員や公務員の場合、今の仕事をキープしながら選挙に出ることが許されない、ということです。

欧米などでは、議員に落選したら、もしくは任期が終わったら復職できる制度があると聞きますが、日本ではまず「退職」を迫られるでしょう。当選したら議員報酬という給料が出ますが、落選したら生活の糧は何の保障もありません。

今の時代、ある程度の年齢になって再就職をするのは相当困難です。こんなリスクの高いことに誰がチャレンジできるでしょうか。既成政党の職員で食べている人か、労働組合などで、落選しても帰るところのある人か、利権狙いの経営者ぐらいではないでしょうか。

「候補者探し」がいかに困難なことか、おわかりになると思います。しかも我々が出したい候補者は二十二引く十七の五人です。このような条件の中で五人もの候補者を探し出さなければならないのです。

自分が出るしかない

まず我々は、徳島市内の各地域で、説明会を開催することから始めました。住民投票の活動に熱心に携わった人たちに世話人になってもらい、何カ所もの公民館や個人の家で集会を開いてもらったのです。

そこに姫野さんや私が出向いていき、選挙に出てくれる候補者を探して回ったのです。

しかしなかなか出てくれる人は簡単には見つかりません。そんな焦りがつのる日々の中で、姫野さんが私に、まず第一号の候補者にならないかと声をかけられたのです。

私は以前に、参議院選挙で選挙母体の代表をした折、選挙準備を通して徐々に信念を捻じ曲げられていく候補者と、応援してくれる市民との間で苦しんだ経験をしてきましたので、「政治は選挙から始まる」ということを実感していました。

選挙のカタチがその政治家の活動内容を決める、といっても過言ではないでしょう。そんな政治の問題点の本質に触れた経験をしていましたから、実は半ば妄想として、私自身が選挙に出るということを、考えたこともあったのです。

ただ今回は、私は住民投票運動全体の事務局でしたし、この議会逆転の一大イベントも、自分が中心に動かしていく覚悟でしたので、自分自身が候補者になる、ということは全く考えていなかったのです。

しかし、日々が過ぎていく中で、候補者は依然一人も見つかりません。いよいよになれば、住民投票条例の請求代表人である四人が責任をとって出るしかない、という話まで出てきましたが、これにも大きなリスクがありました。

選挙というのは微妙なものです。みんな議員という立場に対しては、半ば軽蔑しつつも、やはりその特権的立場には、羨望の入り混じった複雑な感情を持っているものです。そこで、代表の四人が出るとなれば、どこかで「そのために住民投票の運動をしたのか」という疑いの声が上がらないとも限りませんし、当選を阻止したい人がそういうキャンペーンをはるでしょう。現にそんなことを言い出している人たちもいたのです。

そんなジレンマが続き、事態は一向に打開されないまま時間だけが経っていたのです。二月八日に否決されて、選挙は四月ですから、もう一刻の猶予もないところまで来ました。

とにかくまず一人、手を挙げなければ始まりません。

そんな状況の中で、私は家族を説得し、自らが立候補する事を決意したのです。

第五章　怖いものなしの素人選挙

住民投票を実現させる市民ネットワーク

私が一番に手を挙げてからは、次々と候補者が決まっていきました。署名集めの受任者で、説明会に参加して決意をしてくれた金丸浅子さん、豊田雅信さん。以前から地元に推されて出馬準備をしていたけれど、住民投票に共感して私たちの仲間として出たいと申し出てくれた大谷明澄さん、請求代表人の友人の土佐久丸さん、以上私を合わせて五人の候補者が出そろったのです。

さて、わずか一カ月ちょっとでこの五人の選挙を組み立てていこうというのですから大変です。まず事務局では、効率的に動くための「地区割り」をしました。もちろん既成政党のように完璧なものはできませんが、だいたいの目安として、それぞれの候補者の重点活動地域を決めていったのです。

そしてそれぞれの地域で、署名集めに熱心だった受任者の方に世話人をお願いし、突貫工事で仮組の選挙母体を作っていきました。ただ、世話人とはいってもほぼ全員が選挙には素人ですし、いくら一〇万もの署名を集めたとは言っても、強固な基盤の組織ではありませんので、選挙のやり方を知っている人から見れば、脆弱としかいえないグループだったに違いありません。

しかし、みんな自分のことのように必死です。組織全体として「住民投票を実現させる市民ネットワーク」と名付け、それぞれの陣営の活動を開始しました。

余談ですが、後になって、全国的にもあちこちに「市民ネットワーク」という政治団体や議会内の会派があるということを知りました。その多くは、生協や女性問題、人権問題を考える団体を母体としたグループで、我々はそんな伝統を知らずに、そのままの意味で市民のネットワークだから「市民ネット」と名乗ることにしたのです。

議員になってからいろんな議員研修会などで、会派名を「市民ネット」と名乗ると、「ああそうですか」と、説明もしていないのに既成政党のように納得され、違和感を持つことが度々ありましたが、それにはこのような事情があったのでした。

住民投票の是非が争点に

さて、もともとの署名活動を担った「住民投票の会」では、例のチラシを徳島市内全域にひたすら撒く、という活動を本格的に展開しました。この活動の画期的なところは、それぞれの市民が、個別の誰それの応援ではなくて、全体として、住民投票の是非を争点にしていく、という点です。

みんな、なぜ選挙を嫌うかというと、それぞれの人生や家の歴史の中で、誰それにお世話になった、という人間関係の「しがらみ」を持ち、選挙の投票依頼は、その「スジ」を頼ってやってくるので、とても他の人の応援をすることはできないという（たぶん日本人独特の）メンタリティを持っているからではないでしょうか。

私も自分が活動をする中で、何人もから「ウラで応援しとるけんな」と言われました。私の応援をするということが、何やら堂々とできない「ウラ稼業」だというのですから、こちらも複雑な気持ちです。

また、あいさつ回りをしていてよく、「うちはもう分かっとるけん来んでええよ」と言われることがありました。これを私は、言葉通りに受け止めていたのですが、選挙に通じた人から言われたのは、つまり、ご近所の目があるからもう来ないでほしい、というのが本音の意味だというのです。誰それはどうも村上を応援しているらしい、というのがウワサになることを恐れているのだというのです。

私は、皆が皆そうだとは思えませんが、確かにそういうニュアンスを感じることもありました。まるで江戸時代の「村八分」のようですが、冗談ではなく、そういう感覚が残っているのが、日本の地方選挙の現実なのです。

長年にわたって議員には、就職のお世話になったり、家の前の道路を直す口添えをしてもらったりで、睨まれたら自分の生活に不利益が生じる、と本気で思い込んでいる人がまだまだいるし、それを子や孫にも語り継いでいるのでしょうか。

議員を「政策で選ぶ」という基本は、建前にすらなっていないのが、哀しいかな今に至る現実なのです。

長くなりましたが、そんなメンタリティの日本人ですから、古い議員たちもどこかで「住民投票と選挙は違う」と安心していたのでしょう。そういう日本人の精神構造を理解したうえで考え付いたのがこの度のチラシだったのです。具体的な誰かを応援するのは気が引けるけれども、このチラシを配るだけなら心理的なハードルはずいぶんと低くなります。いつも投票している議員へ、直接抗議をしたりはできないけれども、このチラシには、「民意を無視する議員には投票しないで」という暗黙のメッセージが込められています。静かな怒りの発散でもあります。

1999年(平成11年)4月21日　水曜日

争点は「住民投票条例」

'99統一選 とくしま

徳島市議選

激戦地をいく

賛否構成どう変化

かぎ握る署名10万人の票

■影響力読めず

■地域性出る

徳島新聞（1999年4月21日）

結果的にこのチラシの配布は爆発的な拡がりを見せて、選挙直前には、なんとタクシーの運転席のヘッドレストの裏、つまりお客さんの目の前に見えるように貼り付けてある、といった光景まで目撃されるようになりました。そこまでくればもう完全に「住民投票の是非」が、この市議会議員選挙の唯一最大の争点です。

大阪市の橋下市長のようなタレント政治家でなく、ふつうの市民自身がこのように選挙全体を一色に染め上げてしまうような争点化に成功した事例は、日本の政治史上きわめてまれな出来事だったのではないでしょうか。

そしてもう一つ、付け加えますと、このチラシは、選挙の公示がなされて以降も、「文書違反」になることなく、自由に撒くことができたのです。

なぜならこの内容は、誰に対する投票依頼でもないのですから、警察も取り締まりようがないのです。

まあこれは公選法上のリスクもあるかもしれませんが、少なくとも普段の活動として有効な方法であることは間違いないと思います。

受任者リストは使わない

さて、話を私自身の選挙に戻しましょう。

当初、私は選挙活動を、住民投票の署名に関わった人びと、つまり受任者（署名収集登録者）に頼ってやれば、最初からある程度の集票が見込めるのではないかと安易に考えていました。

しかしこれは名古屋市のリコールでも問題になりましたが、署名集め人として登録をしてくれた受任者の人たちは、たとえ共感はしてくれても、決して選挙活動に関わることなど承認していないはずです。それを勝手にこちらの解釈で「利用」するのは、たとえ望んでいる受任者がいるとしても、道義的に認められる話ではありません。

私たちは話し合い、受任者リストの選挙への使用は一切しないということを決めました。いくら当選への近道だとしても、それをすることによって、「信用」という市民政治を支える唯一の基盤が崩れてしまうことを恐れたからです。それはとてもストイックな決断でしたが、やはり後になって正解だったと思いました。

組織に頼るのが当たり前の古い議員たちから見たら、バカ正直と言われるかもしれません。しかし、私たちの原点である住民投票の理念そのものが、市民を「利用する」のでなく、市民の英知を「信用する」という姿勢なのですから、ここを外してしまったら、住民投票の精神自体が崩れてしまいます。ここはやはり、我々にとって苦しくても守らなければならない一線だったのです。そしてそれを守ることはとりもなおさず私たちの「プライドを守る」ことに他ならなかったのです。

現に、某大手新聞の記者が、我々が受任者リストを選挙に利用したのではないかと、根掘り葉掘り調べたようですが、結局何のネタも見つからないままに断念したという後日談がありました。

ついでに言うと、選挙期間中にはよく「ちょっとぐらい汚いことせな選挙には通らんでよ（通らないよ）」などという「アドバイス」を耳にすることがありました。

「汚いこと」というのが何を意味するのかよくわかりませんが、例えば会を開いて飲食をさせる、というようなことなのでしょう。そんなアドバイスは、時には説得力を持つように聞こえてしまうのですが、全く相手にはしませんでした。

こちらはその汚い政治が嫌で戦っているのですから、そんな方法で当選しても何の意味もありません。

選挙ではよく、知ったような顔で近寄ってきて「アドバイス」をしてくれる人がいますが、よく聞くと、みんなそれぞれに自分の感覚で好きなことを言っているだけなのです。頼れるのは唯一、自分の信念だけです。躊躇なく自分のやり方を通すのに越したことはないのです。

選挙事務所はボロボロの作業場

さて、受任者のリストを使わないということで「クリーンを貫く」と決めるのは簡単ですが、ではいざどうするのかといえば、やはりそう簡単ではありません。

途方にくれた私は、まずはみんなが集まれる選挙事務所探しから始めることにしました。

自分の家でもいいかと思いましたが、家には体のあまり丈夫でない母がいます。ただでさえ気を使うとすぐに寝込んでしまうのに、選挙事務所なんて言ったら寿命を縮めてしまうのは目に見えています。

私は、まずは近所からと考え、自転車に乗ってぶらぶらと適当な場所を探してみました。お金はありませんのでちゃんとしたテナントを借りたり、もちろんプレハブを建てたりできるはずはありません。考えられるのはどこか使われていない倉庫のようなものはないかということでした。

半日走り回ってどこにも見つからずに、落胆して戻ってきた私の目に留まったのは、家のすぐ裏にある一軒の小さな作業場でした。広さは一〇坪もないでしょう。外観はトタンが錆びてボロボロ、相当古く、はっきり言って崩れる寸前といった感じです。この作業場は、とっくの大昔から使われていないのですが、実は私にとって古くからなじみのある場所なのでした。

私が小学校低学年の頃から、兄弟のようによく遊んでいた近所の佐藤君の家業は床柱の製造でしたが、この小さな古い作業場は、実はその佐藤君のお父さんの床柱を削る作業場で、私の小学校時代のひとつの基地のような思い出深い場所だったのです。

とてもまともに考えれば、選挙事務所に使えるような場所ではないのですが、なぜかここが、私にはふさわしい所のような気がして、さっそく話してみたところ、使ってもいいけど中はすごい状態になっている、とのこと。見に行くと、何十年も前に仕事をしていたそのままの状態で放置されているのでした。

さすがに私も一瞬ひるんだのですが、一緒に見てくれた仲間の人たちが「ここでいこうよ、自分たちで片付けるから」と言ってくれたのです。そしてその日のうちから片付け作業が始まり、翌日の夕方にはどうにかこうにか使えるようにまでなったのですから仲間の力というのはすごいものです。

それ以降も、お金も何の技術もない私が、最後まで選挙戦を戦い抜けたのは、本当に要所要所ですごいパワーと技術を発揮してくれた仲間たちのおかげでした。市民というのは選挙は素人でも、それぞれの仕事の分野ではプロの集団ですから、力を合わせれば相当なことができるものなのです。

後援会ニュースは折り紙絵本

次に私が取り組んだのは「後援会ニュース」でした。全国中継までされて、吉野川の市民運動自体はとても有名になりましたが、その事務局をしていた私の名前はほとんど知られていません。よく「知名度」と言われますが、選挙にまず必要なのは、何にもまして知名度です。いくらよい政策を訴えても、そもそも名前が売れていなければ、哀しいかな投票の選択肢には入りようがないのです。当選ラインは二〇〇〇票と言われていました。二〇人ならイメージできますが、二〇〇〇人もの人にわざわざ日曜日に投票所まで出向いてもらって自分の名前を書いてもらうなど、まったく想像もつきません。

しかし、名簿は使わないとしても、署名の受任者は九〇〇〇人を越えているのですから、そのうちの二〇〇〇人ぐらいが自分に投票してくれる、と考えられなくもありません。とにもかくにも、まずは自分がこの度の市会議員選挙に出るんだ、ということを少しでも多くの人に知ってもらうしかないのです。

その為にはやはり紙作戦（チラシ・ビラ）が一番です。いかにインパクトの大きい「後援会ニュース」を作るかが勝負です。

私は仕事で求人広告を作っていましたので、コピーライティングは得意でした。どのような表現が訴える力があるのかは、ある程度は知っているつもりでした。メッセージは一番わかりやすくてシンプルなものが良いのです。

ところが、考え始めて分かったのですが、実は政治のスローガンというのは、何を持ってきてもほとんどが「消費され尽くしている」感じがして、はっきり言って「うそ臭い」のです。

例えば私は、住民投票の本質というのは「自治」の問題であり、自治とは「自分で決めること」、行き着くところは即ち「元気が出る」ことだと思っていますが、その結論からシンプルなメッセージとして「徳島市を元気にします」とかいっても、それを選挙のポスターにしたとたん、陳腐でどこにでもある全くインパクトのない文字の羅列になってしまうのです。

かといって「徳島に自治を確立する」などといっても、これまたそれが政治のポスターという枠に入れられたとたんに、全く目に入らない町のゴミのような存在になってしまうのですから困ったものです。

つまり、知名度を上げるチラシといっても、まず目に留めてもらうのが至難の業なのです。そこで私が考えたのは、手渡された人がちょっと捨てにくいような、あるアイデアでした。それは「折り紙絵本」と言われるもので、A4サイズの紙の真ん中をカットして、山折り谷折りで八ページのミニ本になるというものです。このフォーマットにマンガで政策を表現し、「後援会のニュース」にしたのです。受け取った人は、チラシにわざわざハサミを入れて、山折り谷折りと、細工をしなければ読めないのですが、そこまでしてもらえれば、逆に内容には愛着がわき、名前は忘れられないものになると考えたのです。

これは、今までにない斬新なアイデアで、一定のインパクトは持たせることができたのではないかと思います。このマンガチラシに描かれた私の自転車に乗ったキャラは、後々までみんなが覚えていてくれました。

なにせ短期間で名前を覚えてもらわなければいけませんから、ほかの人と同じことをやっていたのではダメです。ただ、こういう思い切った手法をすることができたのは、陣営にいわゆる「選挙のプロ」がいなかったことが大きいのではないかと思います。

「選挙のプロ」とは、今まで数々の選挙を経験してきて、いろんな手法やだんどり、「選挙での常識」を良く知っている人のことで、どこの事務所にも一人や二人いるものです。話すことは、いかにも百戦錬磨の説得力があって、ひ弱な陣営であるほど「言うことを聞いてしまう」ものですが、こういう人が主導権を持つと、候補者のやりたいようにやることができなくなってしまい、インパクトを失うことになりがちです。

選挙には、より多く票を集めるという唯一絶対の目標があります。そのために、キャッチフレーズなども得てして「誰にも嫌われないような表現」ということになりがちですが、それは、裏を返せば誰にもインパクトを与えることができない表現ということになります。結果として、知名度の周知が足りなかった、となるのでは意味がありません。

私はさらに、このチラシとは別に「後援会のリーフレット」を作ったのですが、これはもっと過激といっていいようなインパクトのあるものになりました。

二つ折の郵便封筒サイズのもので、表紙の写真は、長良川の河口堰まで行って、口に×マークの入ったマスクをして撮りました。グロテスクな可動堰をバックに「市民はモノを言うな」という国の姿勢に怒りを表したのです。それに対して裏表紙のほうは、現在の吉野川第十堰をバックにニッコリと笑っている写真を使いました。

この前代未聞のリーフレットは、若い人たちからはカッコいいと大受け、逆に高齢の方たちからは「失礼」だの「不愉快」だのと顔をしかめられましたが、やはりこれまでの政治関係のＰＲ

では考えられないインパクトを与えたことだけは間違いありませんでした。

ただ、インパクトの強いものほど、きちんとデザインされている必要があると思います。メッセージ色の強いものは、手作り感が前に出すぎると、どこか怪文書っぽく、アヤしいものに見えてしまうからです。私は、知り合いの上手なデザイナーに、きちんとディレクションをしてデザインをしてもらいました。

よくコピーとかデザインは苦手だからと、ほかの人にいい加減に任してしまう人がいますが、選挙のデザインが人に与える影響というのは候補者の印象そのものです。けっして手を抜いてはいけない部分だと思います。

センスのあるなしというのはあまり関係がありません。そのためにデザイナーがいるのです。デザイナーはいわば職人で、自分は、何を訴えたいのかを明確にしてデザイナーにきちんと伝えれば良いのです。その何を訴えたいのかを考える過程がとても大事で、そこが明快で力強いほど、力のあるデザイナーなら自分の思っている以上の表現をしてくれると思います。

印刷物の費用は、カンパでまかなうことができました。ちなみに、私がこの選挙で自腹を切ってお金を出すことはありませんでした。すべてカンパでまかなえたのですが、その額も九〇万円ほどです。大金と思われるかもしれませんが、ふつう市会議員クラスの選挙でも一〇〇〇万円は当たり前、多い人では二～三千万円も使うと言われています。まあプレハブの事務所を一カ月建てればそれだけで三〇〇万円ぐらいかかるそうです。

他にも古いタイプの選挙では、運動員に活動費と称して一人何十万円も渡すということです。時々、有権者に飲食をさせて投票依頼をし、選挙違反で逮捕されていますが、今でも特に地方選挙では、違反ぎりぎりの微妙なことがなされているようです。こんなことをしていたらさすがに何千万円もかかるでしょう。

一念発起して「選挙に出たい」と言ったら、ものすごくお金がかかるからやめろ、と説得されることがあるようですが、要は選挙のやり方です。古いタイプの「プレハブ型」「動員型」「飲食型」でなければ、そんなにお金はかからないものです。

交差点一分間演説でトランス状態

さて、そんなこんなで紙作戦のグッズはなんとか整いましたが、なかなかこれだけで五十人もの候補者の中で目立つのは大変なことです。

現職の議員たちは、何カ月も前から「あいさつ回り」というのを始めます。支援者の所や近所を一軒ずつ訪ねて「よろしく」と言って回るのです。もちろん告示前ですので「私に一票」は違反になりますが、「よろしく」だけなら大丈夫、と自己解釈をして回ります。

しかし今回の場合、こんなことをやっていたのでは全く間に合いません。そこで考えたのは、仲間たちと自転車に乗って町を走り、至る所でハンドマイクを使って街頭演説をして回るというスタイルでした。

私の編み出した方法は、「交差点一分間演説」というやり方です。

自転車にハンドマイクというスタイルがいいのは、場所を選ばないところです。私が狙ったのは、できるだけ大きな交差点で、信号の変わり目に車がたくさん停止して溜まるところです。そんな交差点のできるだけ目立つところを選んで、ハンドマイクを肩から提げ、信号待ちの車に向かって、言いたい事を一分間程度にまとめて話をするのです。そして信号でまた反対方向に車が溜まってくるのを見計らって同じように話をします。これを繰り返せば、まったく時間のロスなく、一〇台ぐらいの車（つまり一〇～二〇人ぐらい）に向かって、一分間のミニ演説をやったのと同じです。

これはものすごく効率的で、一カ所で三十分もやれば、三〇〇人以上にも向かって自分の訴えと名前を聞かせることができるのです（ただ車だけでなく、周囲の住宅環境には十分に気を使う必要があります。騒音で知らないうちに票を減らしていることにもなりかねません）。こういうポイントを幹線道路沿いにたくさん見つけておいて、一日に五〇カ所以上も辻演説をして回るのです。

仲間もこのすべてに付き合ってもらうわけにいきませんから、時には自分一人だけになることもあります。これはやはり、最初は相当恥ずかしいものですが、不思議なことにすぐに慣れます。

私も元々、恥ずかしがり屋で、人前で自己紹介をさせられるだけでアガってしまい、トイレに逃げ込みたくなるような性格でした。そんな私でも、公衆の前でマイクを持ってしゃべることができるようになるまで、さほど時間はかかりませんでした。

そしてもうこの時期には、住民投票の是非が争点として相当盛り上がってきていましたので、私の辻説法も注目がとても大きく、ふだんなら無関心な人たちも、車の窓をわざわざ開けて聞いてくれるのが、当たり前のように見られました。

そして中には、うんうんと首をタテに振ってくれたり、手を振ってくれたり、クラクションを鳴らしてくれたり、時には（私の演説に感動して？）涙ぐみながら去っていくドライバーの姿も見られるようになっていたのです。

ちなみにこういうことをしていて、怒鳴られたり嫌なことを言われたりといった不快な目にあうことはほとんどありませんでした。みんな……特に日本人は、目立てばすごく嫌な目に会うのではないかと恐れているようなところがありますが、それはこれまでさんざんやってきた私が保証しますが、本当に拍子抜けするほどあまり何もないのです。

そんな共感の反応が増えていくにしたがって、それまで恥ずかしがっていたのから一転、だんだんと、時にはマイクを持つことが快感にもなったりするから不思議です。

そして選挙戦の最中には、五台ぐらいの車が連続で手を振って力強く頷いてくれたのを見て、私は感激で全身がしびれてしまい、手を上げたまま言葉が詰まって涙が溢れ出し、周りから見たら非常にヤバい状態になったこともありました。一種のトランス状態というか「選挙ハイ」というか、そんな瞬間も選挙にはある、ということです。

予想を覆し九位当選

まあそんな、既成の選挙からはとても考えられないような素人の選挙だったわけです。選挙の終盤では、マスコミの大方の予想は、我々の五人のうち誰一人当選することは難しいだろうというものでした。

何でそんなことが分かるのかと思いますが、だいたい選挙報道のプロの記者は、後援会の名簿がどれくらい集まったか、事務所にどれくらいの人が出入りしているか、個人演説会にどれくらいの人が集まったか、等で判断するそうですが、私の場合には集まった後援会名簿は九〇〇名ほど。だいたい二万人分ぐらい集まったら、十分の一の二〇〇〇票は取れると言われていますので、その理論に当てはめると、私の場合にはわずか九十票。これでは泡沫候補そのものです。

事務所はボランティアの人たちが出入りするだけですし、ましてや個人演説会など開きません。そんなわけでマスコミは、私を含め全員惨敗だと予測したのですが、結果として私の得票は三〇二九票。定員四〇人中九位という上位で当選することができたのです。そして他にも、金丸さんと大谷さんが当選しました。

投票率はほぼ六〇％。何も争点がなかった前回は五〇％でしたので一〇％のアップです。有権者二〇万人中一〇％のアップですので、およそ二万人が新しく選挙に行ったことになります。投票率アップの原因は、全国から注目されて盛り上がった住民投票の是非しかありませんし、この争点で投票所に出かけたのなら、その票の多くは住民投票賛成派に入っていても不思議ではありません。私は、この投票率を聞いたときに当選を確信しました。

主役は住民 風穴だ

徳島市議選、「素人」3人も当選

「声、今度こそ議会に」

「産廃ノー」決意新た

岐阜 柳川・御嵩町長が再選

反原発派が1議席増に

朝日新聞（1999年4月26日）

結果的にこの選挙によって徳島市議会の構成は、住民投票に賛成が二十二名、反対が十七名と、見事に逆転を果たしたのでした。

一人ひとりのふつうの市民が立ち上がって地方議会を逆転までさせたこの選挙は、全国的にも大きく報道され、私がバンザイをしている映像がよく流されましたので、県外の昔の友人など、あちらこちらからテレビを見た、という電話がかかってきました。

後には、全国各地で講演をさせていただきましたが、ヘリポート基地の関係で沖縄県名護市を訪れたときには、町中に私の名前が大きく書かれたポスターが貼ってあってびっくりしました。満席の会場からは、「元気が出た」「勇気をもらった」という声を聞かせていただき、本当にうれしい気持ちになったことを思い出します。

自分の一票では政治は変わらない、と思っていても、市民が動いて投票率を一割増やすことができれば、議会を変えることだって決して不可能ではないことを証明した、歴史的な地方議会選挙だったのではないでしょうか。

第六章　究極の選択で住民投票条例成立

せっかくバッヂをつけたのに？

さて、そんな当選の喜びも束の間、次なる仕事が間髪おかずやってきます。選挙の興奮も冷めやらぬ五月末からの六月議会です。なにせそれまでずいぶん派手にやった市民運動とそれに続く選挙ですから、そのカウンターも相当厳しいものを覚悟しておかなければなりません。

住民投票反対派の議員たちはこの間、我々にさんざん苦しめられているのです。その住民投票運動の人間が自分たちの土俵である議会に入ってきたのですから、「どうしてくれよう」といきり立っているに違いないのです。

当選の数日後、議会のトイレで用を足していると、古参議員が私の横に来て「お前せっかくバッヂつけたのに惜しいのう」と独り言のようにつぶやきました。何の事かと聞くと、当選翌日の私のテレビインタビューで「問題発言」があったというのです。そして議会の会議室で古い議員たちが集まって、私の発言の部分をビデオで見ているというのです。「惜しいのう」とは、お前は議員を辞めなければいけないよ、という脅しだったのです。

事務局に聞いてみると、どうも私が「可動堰計画には政官財の癒着がある」と発言した部分を問題にして、「テレビでいい加減なことを言ったから懲罰にかけてやろう」と相談しているらしいのです。

西部劇か時代劇で、悪者に言いがかりをつけられているような気分ですが、この議会ムラではどんな理屈とやり方でやってくるか分かりませんので、こちらにしてみたら何とも不気味な話です。結局何も無かったのですが、その後も度々言いがかりをつけては、この「懲罰を臭わせる」という脅しは続きました。

正直言って私は、選挙を戦うことに精一杯で、「当選後」については考えていませんでしたし、考える余裕もありませんでした。運動のメンバーも同じだったと思いますが、単純に賛成議員が多数派になれば、住民投票はスムーズに成立すると思っていたのです。

ところが議会というムラの中では、事はそう単純ではありませんでした。議会構成では「一応」多数派にはなったのですが、実際に住民投票が成立するまでには、まだまだいくつものハードルが待ち受けていたのでした。

一〇万人の民意を背負って代表質問

さて、いよいよ六月議会が始まりました。

まずは三日間の本会議質問です。私は会派の中から本会議での質問議員に選ばれました。

徳島市議会は、地方といえども県庁所在地ですから、議場は国会のテレビで見るような段々になっていて、ちょっと怖気づくような厳粛な雰囲気です。

市民運動の中だけでやっているうちは、姫野さんや他の代表の人たちもいますし、みんな一緒にお祭りで騒いでいるようなものですが、この議会の壇上に登るのはたった一人です。議席からは、住民投票反対派の恐ろしい形相の議員たちが睨み付けていますし、テレビカメラは全国から一〇台以上も集まっています。そして傍聴席には市民があふれるほど集まっているのです。いわばこの間の、吉野川住民投票というお祭りの最大のクライマックスに、私一人がスポットライトに当たっているようなものです。一〇万もの市民の民意を背中に背負い、数知れぬ国民の関心を一身に受けている訳です。

もちろん私は、充分に練った質問原稿を用意してはいましたが、それでも本音を言うと、自分の立たされた立場の重さに恐怖すら感じて、心の中では「ああ、調子に乗ってえらいところに来てしまった」と思っていたのでした。

さていよいよその時が来ました。私は一歩一歩壇上に上がっていき、用意した質問原稿を読み始めました。原稿用紙十枚ほどに、これまでの市民の想いを込めて、一言一言力を入れて読み上げました。

やがて興奮した傍聴者の間から、「そうだ」「その通り」などの声が上がりました。傍聴席で立ち上がって、手すりから身を乗り出している人もいます。堰を切ったように興奮は次々と伝播し、普段はおとなしい人も、みんなが興奮しています。私はできるだけ気にしないようにして淡々と質問を続けましたが、しかし議場の議員たちも黙っておとなしく聞いていません。

テレビカメラが並んでいるので、ある程度は辛抱していたのでしょうが、ついに一人の議員が傍聴席に向かって「うるさい、静かにせえ」と叫びました。また別の議員が議長に向かって「黙らせえ」と怒鳴りつけています。

そんな議員たちの反応で火がついて、余計に傍聴席も盛り上がり、いよいよ議員（一階）と傍聴席（二階）の間で「下りてこい」「上がって来い」という、ケンカそのもののような様相になってしまいました。

まあお互いにみっともなかったわけですが、私は議会というものは、こんなことは常だと思っていました。ところが後から聞くと、前代未聞、徳島市議会始まって以来の事件だったそうです。

市長の答弁は住民投票を否定する予想通りのものでしたが、吉野川第十堰問題に関わる市民が、初めて公の場で言いたいことを言い切った瞬間だったと思います。

はじめての委員会

三日間の本会議が終わると、委員会が始まります。

委員会は本会議と違って、答弁側はシナリオがありませんし、うっかり本音で答えてしまったなど、生のハプニングもおこります。資料を出せと追及して委員会がストップし、紛糾することもあります。見て面白いのは委員会の方なのです。

委員会も、たいていの議会では、人数は限られているかもしれませんが、傍聴可能です。

徳島市議会には「文教厚生委員会」「総務委員会」「開発委員会」「建設委員会」の四つの常設委員会と、その他四つの特別委員会があります。議員達は各々に一つずつ、常設委員会と特別委員会に所属します。

さて、河川等に関する委員会は「建設委員会」です。

私はこの建設委員になったのですが、今でも忘れません。私が手を挙げて行った初めての質問が、私の一番の政治テーマである「自治」の問題を象徴していました。

私「徳島市は、国が決めた公共事業に対して異議がある場合、それを国に対して主張することはできるのですか」……。

私は普通の質問をしたつもりでしたが、なぜか委員会室内にざわめきが起こりました。議員達は、「こいつは何を言い出すんだ」といった顔で眉にしわを寄せ、あるいは口を尖らせて、隣通し顔を見合わせたりしています。そして説明側の職員は、みんな下を向いてしまいました。

担当課長「それは……できません」心なしか声が震えているようでした。

私「徳島市民の民意を、市民の代表である市長が国に対して、モノ言うことができないのですか」

担当課長「……できません」

後に、二〇〇〇年になって地方自治法が改正され、自治体にも一定の権限が認められましたが、まさにこの時点では、この課長の答弁の通りでした。自治体が、国の決めたことに対して、文句を言うことができる制度はなかったのです。

この実態が、この国の土建国家と言われるカタチを作ってきたのです。

しかしさらにいうと、この時点で地方自治体の方に、国（中央官僚）に対して、「言いたい事」が果たしてあったのか、制度がないので辛抱をしていたのか……と言われると、どうもそうとは言えないのです。

その証拠に、二〇〇〇年には地方自治法（国と自治体の関係等を定めた法律）の改正が行われて、制度上は一応、国と地方は「対等」の関係になり、国の方針に対して異議があれば、それを公式に訴える機関もできたのですが、二〇〇〇年以降も、それらの制度はほとんど使われることも無く、奴隷が解放されているにもかかわらず主人の屋敷に戻っていくかのように、地方は相変わらず国に対して従い続け、「畏れ多い」という態度を変えることは無かったのでした。

しかし、それも仕方の無いことなのかもしれません。いくら文句のいえる制度が整ったとしても、相変わらず予算（お金）の配分を国家（官僚）に握られているのですから、やはり対等ではないのです。生殺与奪の権を握られていることほど、人間にとって弱いものは無いのですから……。

そもそも日本の自治体は「三割自治」と言われて、仕事の七割は国の下請け、知事や市長が独自の政策を施行できる割合は三割だけと言われているのです。これにも批判は多く、近年、表面的な制度はいろいろ変わりましたが、実態は今でもさほど変わりません。

これが日本国民の、政治離れや無関心の元凶でもあるのです。いくら投票に行けと言われても、そもそも自分たちの選んだ市長や知事に町のカタチを作る権限が無いとなれば、一体何のための選挙なのでしょうか。それではっきり言って面白くありません。そんな中で、誰が投票になど行きたいと思うでしょうか。

町のカタチは官僚が決める

こんな面白くない自治制度の深層には、中央官僚の「愚民政策」があります。「優秀なのは自分たちだけで、一般国民に任せておいたら、とんでもないことになる」という明治開国以来の意識があるのです。

この中央官僚の愚民政策が、日本国民の一人ひとりの細胞にまで染み込んでいて、私たちの元気を失わせ、本来の人間としての喜びまで奪ってしまっているのですが、これに気がついている人は多くありません。官僚の一人ひとりは真面目にがんばってくれているのだと思います。しかし、全体の制度として見た時に、やはりそういう構造になっているということなのです。

そんなわけで、国の公共事業を問う市民の住民投票の存在は、徳島市にとっては整合性の微妙なややこしい問題でもあるのです。認められた法的手続きの中で一定の結論が出れば、市長もこれを完全に無視することはできません。かといって、市全体をあげて自治体として国に逆らうということもできず、板ばさみになった首長が苦しい立場に追い込まれるのは必至です。

市長、知事などの自治体の首長というのは、そもそもが微妙な存在です。選挙で選ばれた政治家であると同時に、自治体という役人のトップでもあるのですが、そのお役所が「三割自治」というのですから、当然ジレンマがあるのです。

ともあれ私は、こうして議員になって初めての委員会の中で、大げさに言えば日本の自治の本質を見たのです。つまり日本で暮らす私たちは、自分たちの暮らす町のカタチについて、自分たちで決めることができないのです。

では誰が決めるのか、それは「官僚」です。

官僚というのは選挙で選ばれるわけではありませんから、交代させたり辞めさせたりすることもできません。そして彼らには任期もありませんから、いくら市民の中に反対の声が上がっても、鷹揚に構えて、時が経ち反対勢力が鎮まるのを待てばいいのです。事業を中止にする必要などありません。だらだらと延期して、そのうちに市民があきらめるのを待てばいいのです。

そんな官僚の計画した可動堰事業を、どうやって中止にさせられるでしょうか。それにはやはり絶大なインパクトと政治的な力が必要なのです。

その絶大なインパクトが、我々の場合は「住民投票」です。そしてそのインパクトによって選挙の争点を作り、政治的な影響力を持つのです。

可動堰計画が生きている限り、推進派の首長や国会議員が当選できないくらいの争点として、社会的なインパクトを与えることが必要なのです。官僚たちが政治的に耐えられないような圧力を感じることによってしか、国が一旦決めた方針を変えることは無いのです。

政治家を動かすのは支持者

さて、議会構成の逆転によって慌てたのは建設官僚や市長だけではありませんでした。

そもそもの市民が提出した「住民投票条例案」に賛成した議員の中には、可動堰建設反対派だけでなく「建設賛成派」も入っていたのです。住民投票賛成議員のうち、公明党市議団の五名は、可動堰建設は認める立場でした。

しかしそれは別に「あっていい」ことです。私たちの主張は、計画そのものの賛成反対よりも、とにかく民意を反映した計画にすべきであるというものでしたから、公明党市議団の住民投票賛成は、我々にとっては民主主義として非常にすばらしい判断だったと評価すべきなのです。

ただ事はそう単純ではありません。市民条例案が提案されたときには、公明党市議団が賛成したとしても、条例自体は否決されることが読めていました。つまり、住民投票は可決されないという見通しの上での「賛成」だったのです。

ところが事もあろうに、市民たちが選挙にまで打って出て、住民投票賛成派が多数という議会構成の逆転までしてしまったものですから慌てたのです。なぜなら、一旦賛成したものを、今度は可決されるから反対します、ではあまりにも節操が無さすぎますし、かといって、いざ住民投票が行われれば、世論調査の結果などから見ても、可動堰反対が多数になることは明らかだったからです。

また少しだけ脱線します。ではなぜ可動堰推進の公明党市議団が、我々の住民投票条例案にそもそも賛成したのか。ここは新しい市民運動にとって、とても重要な点ですし、ここに手付かず、あるいは避けている運動が多く見られるので少し触れておきたいと思います。

公明党市議団が住民投票に賛成したのは、（彼ら自身がなんというか知りませんが）我々市民運動の、いわゆる「ロビー活動」といわれるものが効を奏したのだと私は思っています。

海外の市民運動では、ロビー活動をする人のことを「ロビイスト」と言い、一般的なものになっていますが、日本の市民運動ではまだ定着していません。

ロビー活動のそもそもの語源は、何かを実現させたい、あるいは何かの計画や法律に反対したいという市民が、文字通り国会や役所の「ロビー」で政治家や役人をつかまえては説得をするというものです。

ここから派生して我々が考えたのは、議員個人に働きかけてもなかなか難しいのですが、その議員の支持者から説得していくというものでした。政治家にとって、自分の意見と異なる国民や市民の意見を聞き入れない、というのはよくあることで、何ということもないのですが、それが自分の足場である支持者となれば話は別です。

支持者あっての政治家であるのは彼ら自身が一番良く分かっています。

公明党の支持母体は創価学会です。住民投票の署名集めの受任者には学会員の人たちもいましたので、彼らから婦人部会、青年部会などの幹部へ、そしてまた議員へと下から上へ突き上げていくロビー活動を粘り強く続けたのです。その結果、最終的に賛成せざるを得なくなったのだと私は見ています。

そしてもう一つ重要なことを付け加えますと、こういったロビー活動が有効だったのは、住民投票運動を始めるにあたって、既成政党との関係にきちっと距離を置いたことが大きな成功要因でした。

中でも、共産党との関係には、とくに気をつけなければなりません。

共産党はいつでも、たいていの市民運動を応援してくれます。組織がありますから、何かの署名活動を展開したりするときには、事務局もやってくれますし、とても「便利」です。しかしその運動を本当に成功させたいのであれば、やはり距離を保っておくべきなのです。

運動は「初期設定」が一番大事です。初期設定を間違えれば、大きく育つことはありません。初期設定に色の強いイデオロギーが入っていれば、それは促成栽培の植物のようなもので、すぐに育ちますが茎や葉はひょろひょろです。少々立ち上がりに苦労はしても、政党に頼るのは禁物なのです。

ご存知のように、共産党と公明党は犬猿の仲です。議会ではいつも対立しています。我々の住民投票の運動は、初期設定の段階で共産党や労組などのイデオロギーに距離を置くことによって、創価学会の人たちも、建設予定地周辺の保守系の人たちも、幅広く巻き込んで大きなウネリを作ることができたのです。

そしてだからこそ、先に書いたようなロビー活動も実を結ぶことが可能になったのです。

私は全国各地の市民運動を見てきましたが、こういう政治力学的な視点をもった運動があまりにも少ないのです。

私が言いたいのは、運動員個人のイデオロギーや思想ではありません。みんなそれぞれに信じるところがあって運動に関わっているのですから、当然それは自由です。ただ運動全体の基本スタンスとして、そうでなければならないということです。

そして、それが可能であるのは、何といってもテーマが吉野川という、思想信条を超えた、我々の身近な母なる自然であるという事です。吉野川についてなら、子どもだって「意見」を持つことができます。そういう純粋なテーマを、古い勢力争いの色によって歪められないようにするということが大事なのです。

原発などでも同じだと思います。原発の是非は、本来イデオロギーの問題でなく、どんな将来を選択するかという、誰にでも関係のある意見を持つことのできるテーマです。それを古いイデオロギーの対立にからめとられないようにすることは、運動を主宰するものの強い意志と責任が問われるところでもあると思います。

五〇％なければ開票しない

さて、その公明党市議団が、市民提案による条例案に賛成していたにもかかわらず、何と独自の「公明党条例案」を出してきたのです。「市民案では不十分な点がある」というのです。市民案と決定的に違うのは、住民投票の投票率が五〇％以上ないと開票しない、という条項が定められている点です。せっかく投票をしても、四九％の投票率では開票もせずに投票用紙を焼いてしまうというのです。

我々が求めているのは、「住民投票の結果を尊重しなければいけない」ということでした。つまり、政治判断に強制力のあるものではなく、法的なプロセスに従って市民の「民意を示す」ということにとどまった要求なのです。

そして、そもそも五〇%の投票率がなければ民意とはいえない、とすれば、市長や知事などの首長選挙はどうなるのでしょうか。全国的にもよほどの争点が無ければ、いまどき五〇%の投票率のある首長選挙は、都市では珍しいでしょう。

何よりも、市長選挙ですら五〇%に満たないものを、はじめて行われる住民投票でクリアーするなど可能なのでしょうか。普通に考えれば、かなり困難だと思われます。

この公明党市議団の出してきた「五〇%ルール」は、いわばこの住民投票を骨抜きにする苦肉の策としかみられませんでした。しかし公明党市議団は、「市民案」では不十分だ、自分たちの五〇%ルール条例しか認めない、市民案を再度出しても賛成しないと公言したのです。

全く政治は何が起こるかわかりません。考えられないウルトラCを出してきたものです。

さて、市民の中では当然、怒りが爆発しました。一旦市民案に賛成していながら今になってくつがえすとは卑怯だ、公明党リコールだとの反応が出るのも考えてみたら当然でした。公明党リコールは、理屈でいえば真っ当なことのようにも思われました。

この間、私たちも黙って傍観していたわけではありません。公明党市議団とは何度も話し合いをし、市民の当然の声を届け、撤回を訴えていたのです。しかし一旦表に出た条例案をなかなか引っ込めるはずはありません。公明党市議団は五〇%ルールで、ますます態度を硬化させてきました。

そうこうしているうちに、市民の不満の声はますます大きくなり、我々の市民ネットにまで「どうなっているんだ」「説明しろ」という怒りを帯びた声まで聞こえるようになってきたのです。

私たちは、市役所議会棟のロビーいっぱいにたむろする、全国から集まったマスコミの記者たちを振り払っては、姫野さんたちに会って対策を話し合いましたが、なかなか事態を打開する良いアイデアは浮かびませんでした。


決断は数日内に迫っていました。マスコミの記者たちは、ちょっと私たちが口にしたことを引き合いに、「否決へ」だとか、「可決へ」だとか、「苦悩する市民派」だとか、連日のように面白おかしく加工して書いてきます。市民は、情報がその記事しかありませんので、私が見れば記者の創作としか思えないような記事の一つひとつに、一喜一憂の反応をして大騒ぎをしています。マスコミというのは、取材される対象になって見なければ分からなかったことですが、本当に言ってないことまで平気で書くのです。

考えてもみてください。人間の感情や反応というのは実に多様で、それを表現するのに過去幾万の文学があるのです。それが新聞記事になったとたんに、例えば人のコメントでは「○○氏は……とばっさり」とか、「……と肩を落とした」、「喜びを隠せない」とか、わずかな決まり文句で全てを表現しようとします。そんな記事で正確な内容など伝わるはずもないでしょう。

そういういい加減な記事に反応した市民たちが、朝も夜も無く「説明を聞きたい」と押しかけてくるのですから大変です。

さて、姫野さんも私も、公明党市議団リコールは最初からありえないと思っていました。なぜなら、先にも書いたように住民投票の運動の中には創価学会の人も何人もいましたし、イデオロギー色のある政治闘争で無いからこそ、この大きなウネリを作ることができたのです。

それが、気がついてみると市会議員のリコールの署名集めを一生懸命やっていた、というのでは、理屈は合っていても、市民の中ではより荒々しい感情的な運動になってしまい、対立構造になってしまうのは目に見えています。

しかも、議員のリコールは選挙から一年以上経たなければできません。このまま一年の時を過ごし、「さあみなさん、一年経ったのでリコール運動を開始しましょう」と言って、本当にみんなついて来てくれるでしょうか。そして何よりも、もたもたしているうちに、肝心の可動堰計画は着々と進んで行くのです。

究極の選択

原点に返りましょう。私たちが求めているのは「吉野川可動堰建設の是非を問う住民投票」であって、「市会議員にスジを正すこと」ではありませんし、「何もかもみんなで話し合って決める透明な市民運動」でもありません。

「住民投票を実現する」ということが、唯一絶対の私たちのミッションなのです。となれば、私たちに残された選択肢は二つです。

第一は、やはり元々の市民が提案した市民条例案を、我々が議案として提出するということ。しかしこれは、公明党が賛成しないので否決です。

次に考えられるのは、全ての矛盾を飲み込んで、公明党の出した五〇％開票ルールに賛成する、という選択です。これであれば住民投票条例は成立するでしょう。しかし、五〇％の投票率がなければ開票されないという、大きなハードルを抱えたままの条例です。また、他の住民投票賛成派議員たちの理解も得なければ成立しないという条件もあります。

せっかく選挙で勝利したのも束の間、なぜこういうことになったのか、納得のいかない気持ちでしたが、私たちはまた再び、究極の選択を迫られることになったのです。

市民条例案を提出すれば、スジを通すことにはなりますが、条例自体は否決です。市民の中には、反対した議員への恨みと、選挙でがんばっても無力だったという敗北感だけが残り、大きなダメージの政治不信を作ってしまうでしょう。そして市民が打ちひしがれている間に、吉野川は可動堰によって堰き止められてしまうのです。

一方、公明党案にのれば、条例成立の可能性はありますが五〇％の投票率という重い課題を抱えてしまいます。もし五〇％いかなければ、公明党のみならず賛成した我々議員の責任も問われることになります。

正直に言って、私自身の気持ちの中には、この五〇％条例にのるという選択肢はありませんでした。なぜなら、それに賛成することは市民への裏切りになると思われましたし、そんな権限は私には無いと思っていたのです。


ところが、姫野さんは予想外の方向を向いていました。

究極の選択までもう一週間と迫った日、私はタクシーでつけてくるマスコミをまくようにして、姫野さんの事務所に行きました。そして、いつものように事務所の扉を開けたのですが、その時すでに姫野さんの中では答えは出ていたのです。

姫野さんはコーヒーを一口すすると、顔色一つ変えずに「公明党条例にのらへんで（のりませんか）」と言ったのです。

一瞬私は耳を疑いました。私が予測していたのは、「何とか公明党の意見を変えられないのか」というプレッシャーの言葉だったのです。しかし、その時点で公明党の考えを覆すことは、ほぼ不可能だと分かっていたので、とても苦しい立場になると思っていたのです。

「でも姫野さん、五〇人もが選挙活動をする市議選でも投票率五〇％は難しいんですよ。ましてや、これまで市民がやったことのない住民投票なんですから、このハードルは相当きついですよ」と私は言いました。

「それは何とかなるんちゃうで」……飄々とした顔で姫野さんが言います。この姫野さんという人は本当に変わった人で、恐ろしいことを、笑顔すら浮かべながらさらりと言うのですから大変です。

姫野さんとの長い付き合いの中で、この時ほど意表をつかれたことはありませんでした。が、私は一瞬にして全てを理解し、数分後には事務所を出て他の議員の賛同を得るための工作に動き出したのでした。

まずは自分たちの足場固めからです。市民ネットワークの会長である久次米さんに話しをすると一言、「運動の方はそれでええんやな」。私が頷くと「わかった」と言ってくれました。

久次米さんは、会派の会長として、公明党や住民投票反対派と表に立って闘ってくれていましたので、内面では忸怩《じくじ》たる思いがあったと思いますが、一言で私たちの考えを飲み込んでくれたのです。

大逆転の住民投票条例可決

さて、会派の中はなんとかまとまりましたが、問題は共産党市議団です。先にも書いたとおり、共産党と公明党は犬猿の仲です。国会でも地方でも議案の賛否は対極に分かれています。委員会などを見ていても、共産党議員が何か強く発言すれば、公明党議員がそれまでウトウトしていてもサッと手を上げ反対の意見を言う、逆もまたしかり、といった感じです。

そんなわけですから、公明党の出した、五〇％以上なければ開票しない、などという条例に共産党が賛成するということは、まあふつうに考えれば天地がひっくり返ってもあり得ない話なのです。

また脱線になりますが、やはりここは一つのポイントですし、なぜ政治がこうも停滞しているのかという公式でもありますので、一言説明しておきたいと思います。

関係者の方には不満があるかも知れませんが、思い切って単純にお話しします。

まず、市民のほしい結果は「住民投票の実現」（A）です。しかし既成政党の目的は「勢力の拡大または保持」（B）です。何党にしても、既成政党ならば、はじめにBありき。BのためにAをどう扱うか、というのが思考の順序です。

すなわち、自民党ならば、支持基盤は建設関係がメインなので、BのためにはAには反対。共産党ならば、市民運動の票を取り込みたいので、BのためにはAに賛成。そこで公明党ですが、これが政治ムラの中で出てきた議案ならば「共産党が賛成であれば反対」となるところ、政治ムラの外の世界である、市民の中から出てきた議案というレアな要素が入ってきたために、自分たちの支持者も関わっているという係数を掛け合わせたら、Aに賛成せざるを得ない、となったわけです。

その新しい要素（市民）を公式に当てはめることによって、両政党とも、素直に市民の要求を飲んでくれればいいのですが、そこでややこしいのが政党の最大目的Bです。このBは「最大」ですので、次第に新しい要素（市民）を飲み込んでしまいます。そうするとどうなるでしょうか。

公明党は五〇％ルールという、彼らの主張するところの「よりふさわしい」条例を提案したにも関わらず、「共産党のせいでAを失った」と支持者に説明できますし、支持者も「反共」には慣れていますので理解できやすくなります。

また、共産党は逆に「公明党の非常識な五〇％ルールのせいでAを失った」と主張できるのです。

公明党が出してきた五〇％ルール条例に「のる」ことについて、やはり予想したとおり最大のハードルは共産党市議団でした。私たちは、共産党市議団の代表に賛成をしてほしいという申し入れをしましたが、予想通り答えはノーでした。

一旦市民案に賛成しておいて、議会構成が多数になったとたんに、その市民案にのれないとはおかしすぎる、ましてや五〇％の投票率がなければ開票されないとは言語道断というわけです。

私たちは、その矛盾を乗り越えて住民投票を実現させることを優先したい、と説得しましたが、そこはやはり「大目標」が違います。「小目標」のために「大目標」にキズをつけるわけにはいかないのでしょう。もはや検討の余地なし、といった感じでした。

一方、市議会ムラの中では、新聞記者たちがどこから聞きつけてきたのか、もしくは共産党自身が語っているのか、「共産党はのらない」という空気が広がりつつありました。

ロビーですれ違う条例反対派の議員たちがニヤニヤしながら、「苦労しとるのう」と声を飛ばしてきたりして、我々が暗礁に乗り上げている、というのが公然となってきました。

そしていよいよ議決が翌日へと迫ってきました。朝日新聞の記者が私のほうへ近づいてきて、「反対の議員さんたちが、仕上がった（条例の否決が確実になった）と言ってましたけど、どうなんですか?」と聞いてきました。

たしかにその時点ではその通りです。事態は一向に打開されていませんでした。

しかし我々はあきらめませんでした。下や横から押してだめなら「上から」という手がありますす。とくに共産党のような組織は、「上」からの指示は絶対です。我々は共産党の中央の上層部に対して、電話とメールで申し入れをしました。申し入れと言っても「住民投票をつぶすつもりですか」とかなり強い調子です。なにせ、全国から注目されていますから、党としても間違った判断はできないでしょう。数十分後にかかってきた電話は、公明党案にのることを了承する、というものでした。

即、市議団に連絡すると、さっそく指示が下りていて賛成するとのこと。一件落着です。しかし、これがもれてしまうと、また、どんな動きが出るかわかりません。我々は、議決の瞬間まで絶対にもらさないということを共産党市議団とも申し合わせ、盗聴の疑いすらあった携帯電話でのやりとりも一切とりやめました。

翌朝、毎日新聞の一面トップの見出しは「吉野川住民投票否決へ」でした。議場では、反対派の議員達は余裕の表情です。全国から集まったマスコミも「市民敗北の瞬間」を撮ろうと、一〇台以上ものテレビカメラを構えて殺気立っています。

いよいよ議決の時が迫ってきました。議長の「賛成の方は起立願います」の声が響き、我々と同時に、共産党市議団も躊躇無く立ち上がりました。「条例可決」です。議場内にどよめきが起こりました。驚きと怒りと焦りが入り混じったような、唸るような声が議席のあちこちから聞こえてきます。

記者たちの何人かが慌てて議場から飛び出しました。本社へ可決の速報を伝えるためでしょう。市民の傍聴席からは、一瞬の間をおいて割れるような拍手が巻き起こりました。姫野さんが一番に手を叩いたのに違いありません。日本で初めての、国の大型公共事業の是非を問う住民投票条例が成立した瞬間でした。

閉会後の記者会見で読売新聞の記者が「もし五〇％の投票率がなかったら、どう責任をとるんですか」と意地の悪い口調で聞いてきました。私は「絶対に五〇％以上いくと信じているが、もしいかなかったら議員を辞職する」と答えました。覚悟の上での決断であるという思いを、市民に伝えたかったのです。

そして姫野さんたち代表の「五〇％突破」に向けての前向きなコメントが出されましたので、市民の理解は大概スムーズに得られました。

そして思いもしなかったことに、逆にこの五〇％ルールのおかげで、それからの運動が、俄然「盛り上がって」きたのです。

「123」のプラカード大作戦

住民投票の実施日は、二〇〇〇年の一月二十三日と決まりました。

この投票日の決定を住民投票の会で伝えると、代表の一人であるデザイナーの板東さんが「やった、それいい」と声を上げました。いったい何のことかと思いましたが、板東さんは瞬時にして「123」という並びのよさから投票キャンペーンのイメージが浮かび上がったそうです。

そしてその通りに、一月二十三日の「123」は、その後、吉野川住民投票の合言葉であり代名詞にもなりました。今でも徳島市民の間では、「１２３」と言えば、吉野川住民投票のイメージが思い浮かぶぐらいです。

さて、いよいよ投票日も決定し、投票へ向けてのキャンペーンが始まりました。次なる目標は投票率の五〇％突破です。確かに署名は有権者のほぼ五〇％ありましたが、その全員が今度は投票所にまで足を運んでくれると考えるのは甘いでしょう。よほどの関心が高まらなければ成立は難しいと思われます。

しかも、投票日決定後すぐに事務所にかかってきた何本かの電話に、私は強い焦りを感じました。いわく「投票したいんやけど、どないしたらええんで。市役所に行ったらええんかいな」、「投票用紙は事務所に行ったらもらえるんで」……我々が思っても見なかったような基本的な質問が相次いだのです。

多くの市民は、住民投票という言葉は知っていても、これまでに一度も体験したことがないのですから、いったい何をどうすればいいのか知らないのは、考えてみれば当然のことだったのです。

住民投票は選挙と同じように、有権者が近くの投票所へ行って会場で投票用紙をもらい、賛成か反対かどちらかに〇をつけて投票するというものですが、この当たり前のやり方自体が市民の中に伝わってなかったのです。こんなことでは投票率の五〇％など、ほど遠いように思われました。

123プラカードを持つ人たち

選挙管理委員会も、投票方法の広報などしてくれません。そこで私たちはまず、原寸大の投票用紙のデザインを真ん中に配置し、投票の主旨とやり方を簡単に説明したチラシを作りました。チラシの内容は、反対に偏ったものではなく、賛成の主張も同じ文字数で表現されています。このチラシを、選挙管理委員会の公報のように全戸にポスティングして回ったのです。

そして会のメンバーたちは、市内の至る所で道路を行く車や人に向かって、「１２３」と大きく書かれたプラカードを掲げ続けました。県庁横にある「かちどき橋」の上や、小さな交差点にまで三人から五人、時には一〇人以上、また時には一人で、じっとこのプラカードを頭の上に掲げて、道行くドライバーに目で訴えているのです。

他所から徳島に来て事情が分からない人から

住民投票を呼びかけるビラ

見ると、多分異様な光景だったと思います。ある日突然、この「123の人びと」が町中に溢れ出したのですから。

この「123」のプラカードとは一体なんなのでしょうか。これこそ、まさにデザイナーの板東さんの投票率アップへの天才的ひらめきだったのです。

例えば、「一月二十三日住民投票へ行こう」といったキャッチフレーズでは、関心のある人には訴えますが、そうでない人には「自分には関係の無いこと」として、意識の中でスルーしてしまいます。ところが「１２３」という、いわば「謎」の数字をかかげた市民の存在は、関心の無い人にも「一体何なのだろう」という「？」マークの関心を持ってもらうことができます。そして周りの人に対して「あれ何？」と問うでしょう。そこで住民投票が話題になり、関心の無かった人びとの意識の中にしっかりと根づくことになります。

さらにその意味を一旦知った人は、それを他の人に言いたくなります。このようにして一月二十三日の投票日は、市民の中に着実に意識付けされていったのでした。

さて、一月といえば真冬ですので雪もちらほらします。連日のように一時間以上も外に立ってプラカードをかかげるのは、さぞや辛い修行のようだったのかというと、実はそうでもありませんでした。

毎日の熱心なキャンペーンは、徐々に市民の中に浸透して、車のドライバーの反応も日に日に多くなり、手を振ってくれたりクラクションを鳴らしてくれたり、時には涙ぐんでうなずいてくれたりします。

こちらもしっかりと目を合わせていますので、思わず目と目で共感し合い、涙があふれてきます。ちょっと変かもしれませんが、投票日直前には徳島市内全域が、そんな「自治」の興奮と感動に包まれていたのでした。

推進派はボイコット運動

一方、可動堰推進派は、そんな状況を手をこまぬいてみていたのでしょうか。そうではありませんでした。

ある推進派のメンバーは、事もあろうに住民投票ボイコット運動を始めたのです。選挙のように片っ端から電話をかけ「投票には行かれんでよ（行かないで）」と説得するニュースの映像が全国に流れました。このニュースを見た運動員たちは当然、怒り心頭でしたが、結果的にこのボイコット運動が火に油を注いで、ますます私たちの投票キャンペーンは盛り上がっていったのですから分からないものです。ひょっとすると、このニュースが最後の一押しになったのかも知れないとさえ思うほど、みんなが燃えに燃えたのです。

私はといえば、「桃太郎作戦」と称して、若者二人を引き連れ、ノボリ旗とハンドマイクをもって、徳島市内の幹線道路の交差点の全てで辻説法をするというパフォーマンスを実行しました。徒歩で市内の幹線道路を、ノボリ旗を持って一日中歩くのですから相当に目立ちます。地元局のテレビカメラがこれをずっと追いかけてきて、後にドキュメンタリー番組のシーンにもなりました。

阿波踊りで住民投票を盛り上げる

地元のフリースクールのメンバーたちは、市民に呼びかけて、第十堰からスタートする、「123ラン」を敢行しました。運動部の練習のようにランニングをしながら「住民投票1、2、3」と掛け声をかけながら走るのです。

町の中で大道芸人のようにハーモニカを吹いて、投票呼びかけのパフォーマンスをするおじいちゃんや、第十堰問題を分かりやすく解説した紙芝居のおばさんまで現れました。

みんなが自分の思ったように自由に楽しく活動できる、これが「自分たちで決める」という「自治」の喜びなのかもしれません。

住民投票成立～市長、可動堰反対を表明

そして二〇〇〇年一月二十三日、いよいよ

「吉野川可動堰計画の是非を問う住民投票」の投票日がやってきました。

選挙と違って投票日当日の運動の制限はありません。それどころか、投票日にいかに投票に行ってもらうよう呼びかけるかが勝負でもあります。

私は朝一番に投票を済ませると、いつものように桃太郎作戦で歩き始めました。徳島市と隣の石井町の境まで車で送ってもらい、そこから国道一九二号線をずっと市内中心部に向けて歩き続け、交差点ごとに辻説法です。

歩きながら一時間毎ぐらいに事務所に電話をかけて、投票率を確認します。市会議員選挙ぐらいのペースで、じわじわと投票率が上がってきます。ある交差点で私がマイクを握ってしゃべっていると、建設資材を運ぶ大きなダンプカーの運転手が、こちらを見ながら運転席の窓を開けました。私は即座に怒鳴られると身構えましたが、イカつい顔の運転手は野太い声で「兄ちゃん今何パーセントで?」と聞いてきたのです。

これには意表をつかれましたが、何だか大きな元気をもらい、クタクタになった足も再び前を向いて動き始めました。

昼食に入った蕎麦屋さんで注文を待っていたとき、ふと耳を澄ましてみると、店内には五~六組のお客さんがいたのですが、なんと、その全員が「何パーセント行くかな」「私は五〇パーセントいくと思う」「いや、難しいんちゃうで」とかなんとか、それぞれに住民投票を話題にしているのです。私は何だか徳島市という町全体が、「自治の阿波踊り」でウネリをあげて熱狂している

徳島新聞　2000年（平成12年）1月24日　月曜日　第20049号　（日刊）

第十堰可動化「ノー」

徳島市住民投票　投票率55％

「反対」が9割超す

開票結果（選管最終）

反対	102,759
賛成	9,367

▽投票総数　113,996
▽有効　112,126
▽無効　1,863（うち白票　1,135）
▽不受理、持ち帰り　7

公共事業に重い命題

大久保病院

投票結果を報じる徳島新聞（2000年1月24日）

ような、そんな錯覚に陥ったほどです。

　そして夕方の五時ごろでした。町の中心部、駅前にあるそごうデパートの前での辻説法の最中に、事務所から電話がはいりました。投票率が五〇％を突破したとの速報です。私は張り詰めていたものが一気に解き放たれ、へなへなとその場に座り込みました。

　長い闘いでしたが、ついに住民投票という市民自治の大きなモニュメントが完成したのです。その後も投票率は伸びて最終的に五五％に達し、開票の結果は九〇％が可動堰建設に「反対」というものでした。

　その日の夜、小池正勝徳島市長が「民意に従い可動堰計画には反対します」というコメントを発表しました。

小池市長は元々建設省の出身です。省庁からの出向で徳島市にやってきて、そのまま居ついた典型的な官僚出身の首長です。その小池市長が、自分の古巣である建設省にそむいて「可動堰反対」を発表したのです。

これというのもやはり、法的な手続きという重みの持った住民投票だからこそ、なしえたものだと思います。官僚というのはある意味、機械のようなもので、きちっとスイッチさえ入れれば、そのように動きます。漠然と反対が多いというような情緒的なものだけでは動かないのです。建設予定地の地元の市長が確固たる反対を表明したことにより、可動堰計画は完全に凍結状態となりました。

署名代表人の一人住友達也さんが、よくスイミーの話をしていたのを思い出します。小さな魚が集まって大きな魚の形を作り、いつも虐めてくる魚を撃退する絵本の話です。

いつもはバラバラの市民でも、たくさんの数が集まれば巨大な敵に勝つことができるのです。「たくさんの数」を集めるのは確かに大変ですが、強い信念といくつかの基本原則を守れば「民意をカタチにする」ことは絶対に可能ですし、希望を捨てる必要はないのです。

第七章　希望を捨てない市民政治のために

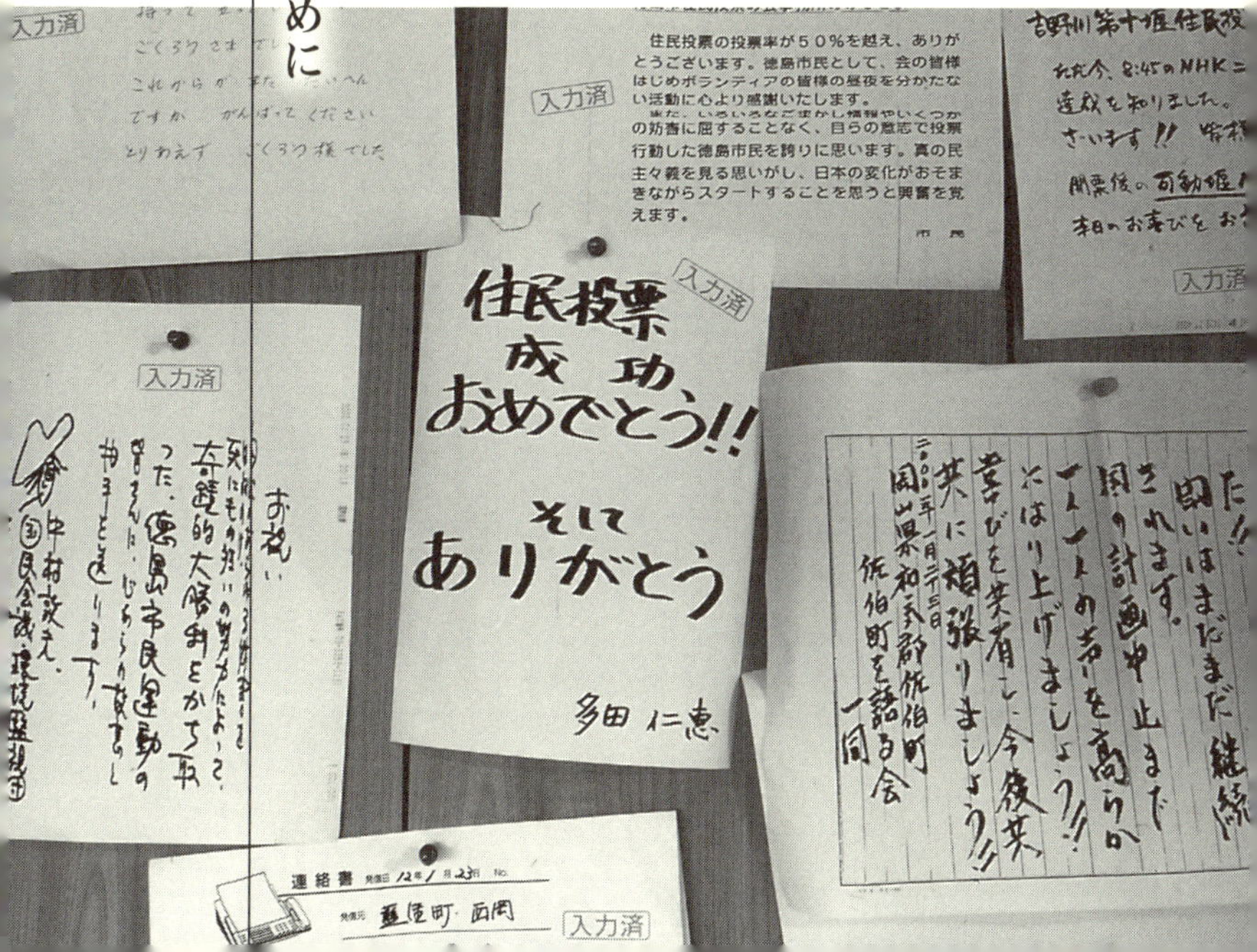

ビジョンを持って論理的に

第十堰をめぐる市民運動は、すなわちリーダーである姫野雅義さんの運動でした。姫野さんの強い信念が吉野川を守ったと言っても過言ではありません。姫野さんは、硬い論理のウラづけと、やわらかいけれど鋭い戦略、戦術を持っていました。

ここで、少々荒削りにはなりますが、吉野川の運動の経験から見えてきた、希望を捨てない市民運動＝勝てる市民政治の要点をいくつか、自分なりにまとめてみたいと思います。

まず第一には、「論理的であること」そして「ビジョンを持つこと」です。

私が感情的に何かを言うと、姫野さんはよく「それはどういうことですか」と聞いてきました。こちらはちゃんと話しているつもりですが、姫野さんは「分からない」というのです。「それはどういうことですかとは、どういうことですか」と聞いてみたくなりますが、姫野さんは常に論理的で、その場限りの感情に流されることなく、それが「何につながっていくのか」を、いつも考えている人でした。

「何のためにそれをするのか」「次のビジョンは何か」「何につなげていくのか」……こういった視点がとても大切なのです。ここで私の言う「論理的」とは、スジ（＝理屈）があっているかどうかではありません。スジだけを追っていくならば、運動はすぐに「裁判」になったり「リコール」になったりと、行き詰まっていくでしょう。

もちろん、裁判やリコールも事の性質によっては必要でしょうが、市民運動の方向としては、いよいよ「煮詰まった」感じのあるものになっていきます。

姫野さんの「それはどういうことですか」とは、言いかえれば「それは何につなげるアクショ

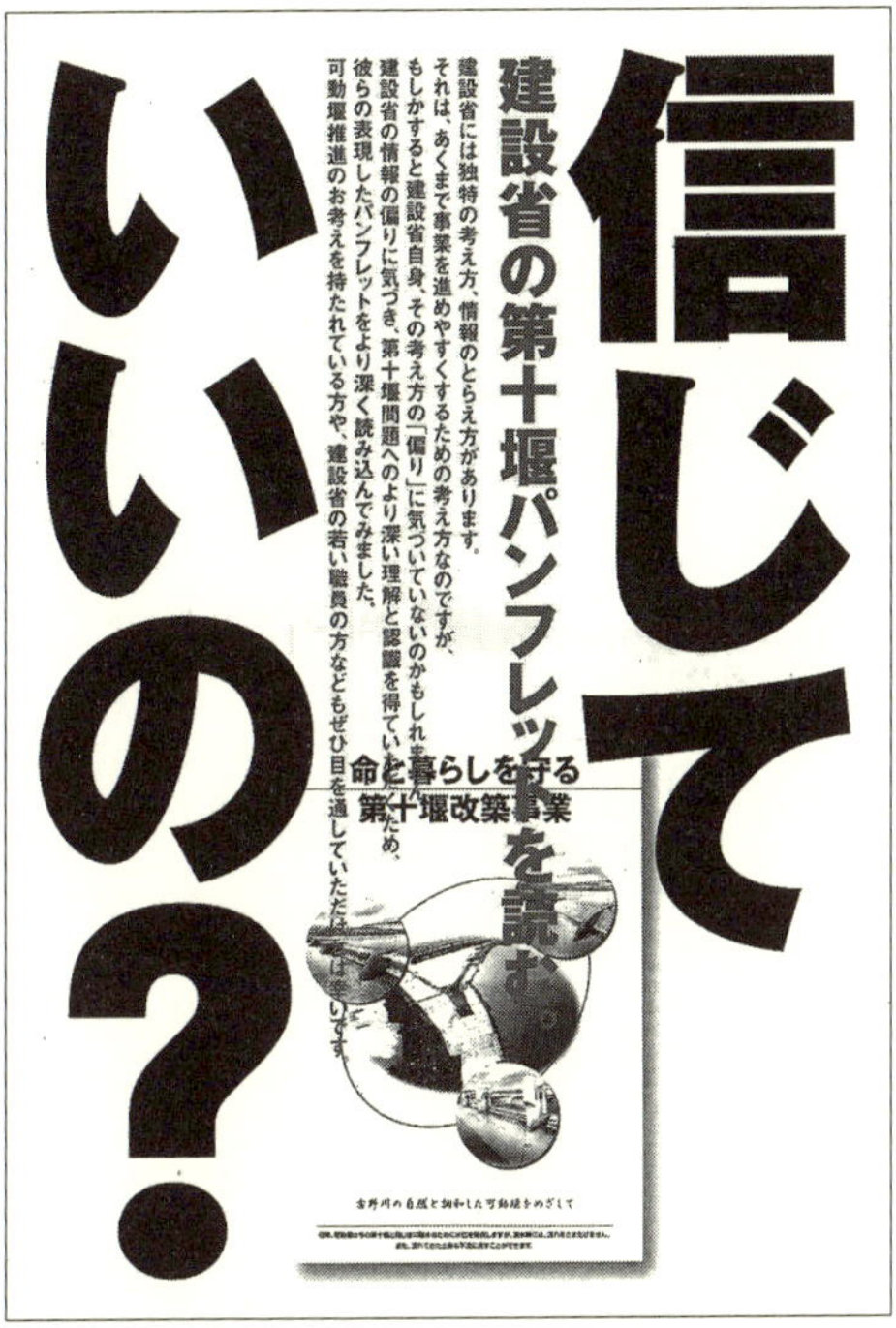

吉野川シンポジウムパンフレット

ン（考え方）ですか」という意味なのでした。

そして「理論闘争」は、やはり運動の主戦場です。吉野川の運動は、国（建設省）との理論闘争を避けることはありませんでした。

運動当初は、ダム問題をはじめとする公共事業問題では、理論闘争は負け戦への道、自然保護などメンタルに訴えることで仲間を集めていけ、というのが市民運動の王道であるとよく言われました。

しかしそれでは、いくら人数が増えたとしても、どこまでいっても争点はすれ違い、結論を出すことができません。そして、国側の莫大な予算によるプロパガンダ（宣伝）で、いずれ運動自体が分断されてしまうのです。

姫野さんは、国からデータを引き出し、まず自分で徹底的に勉強します。そして、分からないところは臆せずに専門家を探して問います。時には分析チームを作り、徹底的な理論武装をするのです。

さらに要点は、理論武装をしただけでは終わらせないことです。いくらおいしい素材があっても、料理の仕方がまずければ誰も食べることができません。その内容をうまく料理して、誰でもが食べやすいものに仕立てるクリエイティブがとても大切なのです。

そこでコピーライターやデザイナーなどの出番です。真面目一筋ではアイデアは出てきません。ちょっとしたイタズラごころがあってもいいのです。

私たちは建設省が出した可動堰ＰＲのパンフレットに対して、徹底して検証を行い、赤ペン先生のようにびっしりと間違いを指摘した赤入れをして、それを当時ベストセラーになっていた本の『買ってはいけない』のパロディーのようなデザインにして、「信じていいの？」というカウンターパンフレットを出しました。

これは市民には大受けでした。表紙のデザインがパロディーでユニークなので、誰もが中を開いてくれます。そして内容は、建設省の理論を徹底的に論破していますので、痛快であると同時に、彼らのプロパガンダを打ち砕くことができて一石二鳥なのです。

ただ、やみくもな理論闘争はやはり負け戦です。いろんな論点まで広げてしまったら多勢に無勢ですからとうていカバーできません。私たちは、例えば「堰上げ」や「老朽化」「住民参加」「自然環境」など、できるだけ一点に絞り込んで論争を仕掛け、一つずつ論破していったのです。どういう「場」を設定するかによって勝負は、ほぼ決まってくるのです。姫野さんのいう「土俵」です。土俵作りはこちらがイニシアティブをとって進めるほど、有利な展開ができます。逆に向こうが何か「美味しそうなもの」を提示してきた場合は注意が必要です。それは向こうの土俵である可能性が高いからです。建設省が事務局を仕切るということは、イコール土俵とルールを決めるということです。これでは市民参加のアリバイ作りに利用されてしまうだけです。

ただ、私たちが当初「審議委員会」の存在を「認めた」ことで、徐々に計画の矛盾点が明らかになってきたように、単純に向こうからやってきたものを拒否すればいいというものではありません。逆手にとって何かが開けるということもあります。ここでもやはり「そうすれば次はどうなるか」という視点が大切で、それを考え抜くことを怠ってはならないのだと思います。

ただいずれにしても、理論闘争は、結局は白黒つくものではなく、最終的には権威で封じ込めるというところに行き着きます。日本では、最終的な権威は、たいていの分野では東京大学の教授ということになっていて、御用学者が登場します。

ただし、ここまで寄り切ったら、印象的には市民運動の勝ちと言えるかもしれません。いずれにせよ、なかなか素人だけでそこまでたどり着くのは大変です。私たちはやはり要所毎に、専門家や研究者の力を借りることを躊躇しませんでした。

何の分野でも情熱をもって探せば、市民の応援をしてくれる専門家はいるものです。まずは自分で勉強する。そして応援してくれる専門家を探す。市民運動の第一の要点は、理論という正面からの闘いをさけない、ということです。

マスコミ畑を根気よく耕せ

次に欠かせないのはマスコミ対策です。社会を動かす一番大きなパワーは「世論」ですが、その世論は、ほぼマスコミによって作られます。マスコミは現代社会の中で、間違いなくひとつの巨大権力です。事実はマスコミの表現一つでどのようにでもネジ曲げられてしまうのです。

例えば政治家が逮捕でもされたら、新聞やテレビには、数あるビジュアルの中でも最高（最低？）に「悪い顔」を取り上げるでしょう。それが世間の人にとって「面白い」からです。悪いことをした人が、いい顔に映っているのでは様にならないのです。

記事の中身でも同じことがいえます。新聞やニュースは結論だけ取り上げて、そこに至る議論のプロセスなどは興味がありません。「共感」や「同情」、「ジレンマ」や「苦悩」などの人間的な部分は一切切り捨てられて、結論だけを面白おかしく刺激的に表現するのです。

そういう前提を理解したうえで、いかにマスコミとうまく付き合っていくか、利用していくかは、市民運動にとっても大きな課題なのです。

ここでも、我々の運動は受身ではありませんでした。

姫野さんは第十堰関連の記事が載る度に、その記事をコピーして自分が「違うな」と思った事実や表現に赤入れをし、それを新聞各社と同時に、運動のメンバーに対して、毎日のようにマメにファックスを入れていました。それを長く繰り返しているうちに、記者の方では普段の記事と違い、ちょっとした表現にも緊張感がでてきます。中でも熱心な記者は、姫野さんの事務所に通いつめるようになるのです。そして一人ひとりの記者に対して、きちっと粘り強く説明することで、より事実が正確に伝わるように、マスコミ畑を耕していったのです。

地道ですが、マメで熱心な活動は必ず結果につながっていくのだと思います。

それと、これも基本的なことですが、市民が何かアクションを起こすときは、必ずマスコミ各社に対して「プレスリリース」を出しておくことが必要です。

記者たちは常にネタを探していますので、他に何か大きな事故や事件でも起こらなければ、関心を持ってくれる度合いは高くなります。

取材に来てくれたときには、必ず名刺をもらいましょう。その名刺が運動に欠かせないツールになります。遠慮することはありません。取材をしてもらいたければ、どんどん名刺のあて先にメールや電話などでアクセスして、アピールしていけばいいのです。

「これくらいのネタ」などと自己規制をする必要はありません。資金力の無い市民運動は、豪華なパンフレットやダイレクトメールなどはできません。マスコミに取り上げてもらうことが問題を広げる最大のチャンスなのです。

プレスリリースは難しいものではありません。Ａ４一枚ぐらいに主旨を簡潔に書き、イベントであれば日時や場所、問い合せ先を忘れないようにして書いておけばいいのです。各社に送るのが面倒くさければ、市役所や県庁の「記者室」にファックスしてもいいし、直接持って行ってもかまいません。記者室には職員がいますので、その人がコピーして各社の連絡ボックスに入れてくれたり、貼り出してくれたりします。それを見た記者が問い合わせの連絡をくれます。

連絡があれば丁寧な対応を心がけましょう。中にはいかにも「分かってない」感じの記者もいますが、辛抱強く付き合って、利用できるものは利用してしまいましょう。

楽しみながら運動を強くする

さらに市民運動の要点として私が強調したいのは、「楽しさ」です。

私たちの市民運動の成功の秘訣を一つだけあげろと言われれば、「楽しさ」ということにつきます。市民運動は楽しくなければがんばれないし、続かないのです。

ここで言う「楽しさ」とは、言うなれば「腑に落ちる」ということです。運動はえてして頭でっかちになりがちですが、アタマだけではどこか弱いのです。アタマだけでなく、カラダが感じて動き出すような運動にしなければいけません。

吉野川をめぐる運動では、「遊びのイベント」と「学びのイベント」を交互に繰り返して行いました。遊びのイベントでは、吉野川でのカヌー体験や河原での遊び、著名なゲストのトークやキャンプなどでお祭りのように楽しくやります。

ある時などは「吉野川を食べる」と題して、吉野川で獲れた魚介類や流域の野菜などを使って、プロの料理人に河原で料理をしてもらい、みんなで味わうというイベントをしましたが、これは大好評でした。

アタマの中だけで「可動堰を作ってはならない、自然破壊だ」と考えるだけでなく、「舌」という体で吉野川の恵みを味わうことによって、その想いが身体化するのです。そして身体化した想いから出た行動には粘りが出てきます。

徳島在住の作家でカヌーイストの野田知佑さんに協力をしてもらい、カヌーイベントも数知れず行いました。カヌーは川の良さを知るためには最高に楽しいイベントです。

あの川面と目線がひとつになってパドル一つで自由に進んでいく感覚を一度味わったら、誰でも川を大切にしたくなるものです。巨大なコンクリートの壁で川を堰き止めるなどという計画が許しがたくなってくるのです。

想いを身体化すれば国に対しても抵抗力がついてきます。

何を隠そう私自身、可動堰反対の運動をはじめてからも、次々と繰り出してくる国のパンフレットや必要性の説明に、ふと心が揺らぐときもありました。可動堰を造っても、水は美しいままに保たれるというのです。そんなわけが無い、とアタマで考えても、実際にこの目で見たわけではないので、身体的に腑に落ちた意見ではないのです。

そこで私たちは「長良川河口堰見学バスツアー」を企画しました。実際に運用が行われている長良川の河口堰を視察しようというのです。これは何だか遠足みたいで楽しいイベントですから、参加者はすぐに満杯になり、急遽バスを二台に増やして実施したほどです。

このバスツアーでは、実際に地元の漁師さんに船を出してもらい、ジョレンというシジミ漁に使う漁具を使って、河口堰周辺の底をさらってもらったのですが、そこには見事なヘドロが上がってきました。建設省が、「ヘドロではない、シルトというものだ」と呼んでいるものです。

これを自分の手で触り、鼻に近づけて嗅ぐと、ヘドロ以外の何ものでもありません。

そしてヘドロ以上に印象に残ったのは、長良川という大きな川を、異様なボリュームのコンクリートの固まりと鉄のゲートで堰き止め、それを人工的にコントロールするという何ともいえない反自然的な光景です。これは「イケナイこと」と自分の体の中のＤＮＡが訴えてくるような恐ろしいビジュアルです。

この長良川バスツアーでの体験が、ある意味、私自身の「原体験」ともなって、それ以後、私の吉野川可動堰計画に反対する想いは、決して揺らぐことがなくなったのです。

このように「想いを身体化する」のが、私のいう「楽しさ」です。

この楽しいイベントと勉強のイベント、また討論会のような論争の場、このような実践を交互に繰り返すことによって認識のスパイラルがどんどんと上昇し、より強い運動へと鍛え上げられていくのです。

他にも考え始めればたくさんありますが、

「論理的であること」

「マスコミとうまく付き合っていくこと」

「楽しく」やること。

ざっとこの三点を、希望を捨てない市民運動＝市民政治の要点としてあげておきたいと思います。

第八章　市民が知事を作った

アリが巨象に挑む

住民投票によって強くブレーキがかけられた可動堰計画でしたが、一番熱心な牽引役である圓藤寿穂知事は建設をあきらめませんでした。住民投票の後も講演等で積極的に必要性を訴え、それを小冊子にまとめて配る等、建設推進へ向けた動きを止めることはありませんでした。

住民投票が実現して以降の私たちのミッションはやはり、投票で示された圧倒的な反対の民意に決着をつける。つまり可動堰計画を「完全中止」にすることです。そこに立ちはだかっているのが現職の圓藤知事なのです。

これを乗り越えるには、自分たちで知事を出すしかありません。二〇〇一年九月、タイミング良く知事選の日程も近づいていました。私たちは、これまで運動に共感を寄せてくれていた県議の大田正さんに目をつけました。東祖谷の奥深い山で生まれ育った大田さんは、自然の生態系や、山の保全と川の治水について経験的によく知っている人でした。この人なら……と、私たちは大田さんを担ぎ、身の程も知らず知事選に突入したのです。

選挙の母体は「勝手連県民ネットワーク」と名づけ、県内の各地で、吉野川問題に関心を持ってくれている人に拠点を作ってもらいました。

選挙事務所は、元は家具の塗装工場で、お世辞にもきれいとはいえない場所でしたが、格安で借りることができました。

そして、おなじみになったプラカード作戦のキャッチフレーズは、「とめる　きめる　つくる」としました。

「とめる」は、もちろん可動堰計画の完全中止と、当時問題になっていた空港滑走路拡張のための月見ヶ丘海岸埋め立て事業についてです。この事業を一旦止めて見直そうという政策です。

「きめる」は民主主義、市民参加、市民自治を徹底させようということです。

「つくる」は新しい公共事業について。これまでのハコモノ優先ではなく、山の保全によって里山を復活させ、緑のダムで治水を図るという、循環型のグリーン経済です。

一方、圓藤知事の方は、典型的な自民党型の組織選挙です。巨象にアリが挑んでいくようなものですが、選挙結果は一七万八一四一票対一四万六三九四票。アリが後もう少しで象を倒すかというところまで迫っていったのでした。圓藤知事の当選インタビューは、まるで敗北のコメントのようで、焦燥しきった表情をしていました。

市民の勝手連で大田知事誕生

そして知事選から半年後の二〇〇二年三月、県立文学書道館をめぐる賄賂事件で、なんと現職の圓藤知事が逮捕され、辞職をしてしまったのです。

わずか半年で、まさかの出直し選挙です。投票日は二〇〇二年四月二十八日と決まりました。前回が二万数千票まで迫った惜敗でしたので、その流れから当然、大田さんの再挑戦となりました。あわてて自民党の担いだ対抗馬は民間の女性でしたが、事件の後だけに保守系支持者のショックも大きく、選挙の結果、我々の大田さんは、本当に徳島県知事になってしまったのでした。当選と同時に大田さんは、可動堰建設の完全中止を表明し、この時点で、運動としても政治的

徳島新聞　2002年（平成14年）4月30日　火曜日

可動堰なしが前提

吉野川整備計画で大田新知事

完全中止を強調

二十八日投開票された徳島県知事選で初当選した大田正氏（六〇）が二十九日、徳島市北田宮二の勝手連県民ネットワーク事務所で記者会見した。大田氏は吉野川第十堰（せき）可動堰化計画の完全中止をあらためて強調。吉野川の河川整備計画策定に向けて国土交通省が年内をめどに発足させる「検討の場」準備会への参加については、可動堰の完全中止が前提との考えを示した。（2・3・24・25面に関連記事）

会見で「第十堰可動堰化は完全中止する」と強調する大田氏＝徳島市北田宮2の勝手連県民ネットワーク事務所

徳島新聞（2002年4月30日）

にも、吉野川の可動堰問題は一定の完結を見たのではないかと思います。

動き出したら決して止まることは無いと言われていた国の大型公共事業……。これに対して「本当に必要なのか」と疑問を持った姫野さんという一人の釣り人の想いから運動が生まれ、住民投票という、かつて経験をしたことの無いような大きなインパクトを持った社会的モニュメントを打ちたて、そして最終的には知事選挙という、間接民主制の中で県民に与えられた最大のチャンスを勝ち取ったのです。


ただ、大田知事の誕生は、私たちにとっては、環境を重視した持続可能な新しい未来を作っていく第一歩となるはずだったのですが、実際はわずか十一カ月で、県議会で不信任案を出され、三度目の知事選挙で敗北してしまったのです。

この十一カ月間は、私にとっても苦しい期間でした。なぜなら大田さんの勝利した二回目の知事選挙で、私は選挙母体の共同代表の一人でしたので、当選後も大田知事の側近として知事公舎に通い、次々と現れるハードルに対して知事と苦悩を共にしたからです。

本当に息苦しくなるような日々でしたが、これは自分だけが見てきた権力闘争のウラの実態だったかもしれません。そこで、これから市民政治を掲げて権力に迫ろうという人には、多少なりとも参考になると思いますので、やはり少しスペースをさいてお話しておこうと思います。

官僚の「振り付け」につまずく

大田知事が誕生して、まずつまずいたのは副知事の提案でした。

知事の仕事がカバーする範囲は膨大ですので、必ず副知事はじめ手足になる幹部職員が必要です。各部署から上がってくる検案事項の資料を読むだけでも大変ですので、とても一人では対応できないのです。

そこで、副知事を提案する必要があります。副知事人事は、議会に諮って議決を得なければいけませんが、なにせ、これまでの流れと百八十度違う政策を打ち立てた訳ですから、なかなか職員の中で信頼できる人がいません。しかも大田さんは選挙で、女性を副知事にすると公約したものですから余計に大変です。

私も知事と共に、東京で霞ヶ関の女性官僚と面会したりしたのですが、提案には至りませんでした。

何しろ議会は圧倒的に野党多数ですから、提案するや否決を決め込んでいます。否決を覚悟で提案するのは本人に失礼だということで、大田知事がなかなか踏み切れなかったことも、向こうの思う壺だったかもしれません。

結局、大田知事十一カ月で副知事を提案することはできなかったのですが、振り返ってみると、この時点でもうすでに一手詰められていたのです。

次に直面したのが、月見ヶ丘海岸の埋め立て問題でした。県北の松茂町にある月見ヶ丘海岸を埋め立てして、空港の滑走路拡張とゴミの処分場を作るという計画ですが、これを見直すことを公約にしていたのです。

それが最初の選挙時には、まだ流動的な計画段階ですので、見直しは可能だったのですが、二回目の選挙時には、既に工事が着工していたのです。

公約にした以上はこれに取り組まなければいけません。しかし、考えてみてください。県庁の職員たちはほんの数日前まで計画を実行すべく働いてきた人たちです。それが知事が変わったというだけで、昨日までの自分を否定するような仕事をしなければいけないのですから、誰が素直に従うことができるでしょうか。ましてや議会は圧倒的多数が野党ですから、保身という面からも、職員の中に味方は一人もいないと考えてもいいくらいなのです。

ある夜遅く、知事から電話が入りました。「相談がある」と言います。電話で済む話ではありませんので、さっそく知事公舎へ向かいました。

知事の話では、月見ヶ丘海岸の埋め立て見直しのプロセスについて、土木部の職員から提案があったというのです。

土木部の部長は国から出向の官僚です。調べてみると、長良川の河口堰建設の仕事に関わった河川の専門家で、まさに我々の運動の反対の立場の人なのでした。

この部長の提案では「知事の見直しの公約を実現するために、まずは今の工事を二週間中断させ、それから本格的な見直しの作業に入ろう」というのです。

私は当然、この提案を鵜呑みにするのは危険だとは分かっていましたが、とにかく二週間の間にブレーンチームを作って対策を練ればよいのではないかと考え、知事にそう話しました。しかし、これがあまりにも甘い考えだったのです。

数日後、いよいよ記者会見で見直し方針の発表です。公約実現へ向けて、華々しく第一歩を踏み出すのです。大田知事は職員のシナリオ通り、二週間の中断を発表しました。

翌日のマスコミ報道には、「大田知事、月見ヶ丘海岸埋め立て凍結」の見出しが躍りました。ところがなんとその数日後に、「事業の中断により、業者への損害賠償金を含め二百億円以上の損失」という記事が掲載されたのです。そして、県議会の保守系会派の提案で、この問題を追及する緊急議会が開かれることになったのです。

そう、我々は完全に「罠」に引っかかったのです。ブレーンチームをつくるどころか、孤立した全く準備不足の状態で、内外からの総攻撃を受ける「土俵」に誘い込まれてしまったのです。

後に、元官僚の大学教授に聞いた話ですが、これが官僚の中で言われている「振り付け」という基本的テクニックなのでした。

官僚に都合の悪い政治家にダメージを与えるために、その政策の問題点をあらかじめ調べておき、それをマスコミに「リーク」する準備とともに、議会工作を仕込んでおき、そして全く別のシナリオを政治家に手渡して発表させるのです。

　この方法をやられると、発表と同時に四方からもみくちゃにされますので、自らの理論武装と反撃に出る余裕が全くありません。頼りの職員は、もうこの時点では知らんぷりですから一瞬で孤立へと追い込まれてしまい、対応のしようがなくなってしまうのです。

　そういう演出で「知事」「マスコミ」「議会」と、それぞれの「振り付け」をするのが長年培ってきた官僚のテクニックだというのです。

国からの出向役人なんのため

　ところで、この振り付けをした演出家は、建設省（国交省）からの出向の職員でした。このように県や市には必ず国からの出向職員が、たいていは部長クラスで存在します。彼らは一体何なのでしょうか。少し寄り道をします。

　彼らの実態は「キャリア」と呼ばれる官僚の中でも出世コースの役人たちです。その彼らが、たいてい県や市に指定席のポストをもっていて、順番に国からやってくるのです。ちなみに徳島市では財政部長がその指定席で、三十歳前後の総務省からの役人が、入れ替わり立ち替わりやってきます。

私は市議会議員時代に、本会議の場で「徳島市の大切な財政を、国からの出向役人を責任者にして決めるのは、自治の原則からいっておかしい。国に帰ってもらったらどうか」と発言したところ、閉会後、血相を変えた副市長が私のところに飛んできて、「お願いだから、あんなことを言わんで下さい」と、怒気のこもった声で懇願してきたことがありました。

国からの出向役人に対し、県や市は「バカ殿様教育」扱いなのです。「お預かり」している期間にできるだけ傷をつけないようにして、三十代そこそこで「○○市財政部長」「○○県土木部長」というようなキャリアのお土産をつけて「お帰し」するのが、常識になっているのです。

なぜこんな変な風習があるのかというと、それは各省庁の予算のメニューを地方の政策に落とし込んで「消化」させるためです。

例えば先の小池市長は、建設省から開発部長として徳島市にやってきましたが、そのウラの目的は「地域総合整備事業債（地総債）」という、国のハコモノ事業の予算を徳島市で消化するためだったと私は見ています。

小池市長はこの地総債で、阿波踊り会館、サッカー競技場、徳島城博物館、一〇以上のコミュニティーセンターと、次から次へとハコモノを作りました。今その維持費が徳島市の財政を圧迫していますが、もはや誰も責任をとる人はいません。そのシワ寄せが、緊縮財政となって市民生活を直撃しているのですが……。

このように、地方の政策を国の言いなりにするために、各省庁がポストを確保して送り込んできているのが、国からの出向役人の実態なのです。こういう人が地方行政の現場に隅々まで入り込んでいますから、なかなか首長を変えても、それからがたいへんなのです。

そんなわけで、大田知事は、いきなり圧倒的不利な条件の中の大議論に巻き込まれてしまったのです。私は、何とか急ごしらえでも理論武装をしようと、東京へ飛んで公共工事の予算執行の法的手続きに詳しい元官僚の大学教授に面会して、アドバイスを求めたりしたのですが、結局、孤立した知事は追い込まれ、月見ヶ丘海岸の埋め立ては再着工という運びになってしまいました。副知事の一件に続き、ここでも「公約を守れなかった」「力不足」という評価になり、またしても一歩追い詰められてしまったのです。

権力者は何もできない

大きな権力を持つポストに就くということは、一見すごい力を得たように思うのですが、その実、上の立場に立つほど「何もできない」ということも、また一面で真実なのです。民主党政権の失敗を見ていてもよく分かりますが、政権交代時のマニフェストにかかれた大きな公約のほとんどは、実現できませんでした。

しかし民主党の国会議員に直接、生の声を聞いたら、細かい政策では「あれもできた、これもできた」と成果を強調するのです。確かに彼らもそれなりの努力をして「言いたい事」はいっぱいあるのでしょう。しかし大局から眺めてみると、マニフェストという大看板については、何一つといっていいほど実現されず、国民的な評価を失いました。

これも私の視点から見れば、やはり官僚の「振り付け」だと思うのです。官僚にとって差しさわりの無い「小さな政策」を実現させてガスを抜き、「大きな看板政策」について譲歩させるのです。官僚にとっての勝負は、マニフェストに書かれたような「大きな政策」を実現させないということです。

大田県政十一カ月の間にも「小さな政策」の実現はいくつもあったのです。新築の県立高校の内装材にはふんだんに県産木材が使われていて、いい雰囲気になっています。し、高速道路のインターが予定されている沖洲海岸の埋め立ては、全面埋め立てでなく部分埋め立てで、一部ですが自然海岸が守られています。

しかしマスコミも、議会との対立は「面白い」ので大きく取り上げますが、普段の地味な仕事については、ほとんど「無視」ですので、県民の評価は「ただやられっぱなし」ということになります。

もちろん知事自身の責任も大きいのですが、そのウラには官僚という国家の巧みな振り付け＝コントロールがあるのです。

これからの新しい市民政治は、その表面的な「演出された情報」だけに踊らされず、ウラにある構造的なものにも思いを至らせて、戦略を考えていく必要があると思います。

不信任で辞職に追い込まれる

大田知事を最終的に追い込んだのは、公共工事をめぐる汚職で逮捕された圓藤知事の事件を内部的に調査する、「汚職調査団」の設置についてでした。

汚職調査団の目的は、公共事業の入札をめぐる贈賄事件がどのように起こったのかを、県庁の外部に委託して徹底的に調査し、再発を防ぐ方策を立てるということでした。

そこで知事は、これまでにオンブズマン活動などで実績のある京都の著名な弁護士をメンバーに入れて提案をしたのですが、これに対して県庁内部からは「設置するための予算が無い」という抵抗を受け、そして議会からは、この弁護士が過去に共産党との関わりがあったことをネットで探し出し「党派に偏った人を選んだ」と、言いがかりをつけてこれを拒否してきたのです。

本来は議会こそが、このような事件に関して調査をし、再発を防ごうというのが役割のはずです。これを正面から否定するのはさすがに世間体が悪いということで、このような言いがかりをつけてきたのです。

「この弁護士を変えろ、さもなければ不信任だ」、というのが議会の主張でした。しかし大田さんもさすがにここだけは譲れません。前の汚職事件への怒りが大田知事を産み出したのですから、ここで引いてしまったら県民との信頼関係もおしまいです。大田知事は、この人選は変えない、ということで突っぱねました。

翌日に不信任案提出という日になって、私の携帯に一本の電話がかかってきました。電話の相手は、自民党県議の、今回の不信任劇のキーマンです。

いわく、「何であの弁護士にこだわる。あの人を下ろしたら不信任は出さんのに。もう一回考えなおすように知事に言ってくれ」。

私は一応、電話があったことを大田さんに伝えましたが、大田さんの答えはノーに決まっていました。

そして就任からわずか十一カ月、市民運動が生んだ大田知事は、県議会から不信任を出されてしまったのです。二〇〇三年三月三十一日、不信任決議が賛成票三三、反対票九票で可決されてしまいました。

不信任案が出された場合の知事の対応は二つです。議会を解散するか、知事を辞任して選挙で県民の信を問うかのいずれかです。

ただ、議会を解散するという選択は、議会を変えるための県議の候補者が必要になってきます。しかし、このところの二回の知事選挙と当選後の不毛な政争で、市民の方も少々うんざりしていたのも正直なところなのです。

短期間で全県的な候補者探しと選挙母体を作っていくようなパワーは、正直残っていませんでした。そんな中で大田さんは、自らが辞任して知事選挙で信を問うという選択をしました。なんと二年間で三回目の知事選挙です。

相手候補はまさに国から出向してきた官僚でした。総務省から出向して部長を務めていた役人が、自分の上司である知事が不信任を出されて、その対抗馬として立候補する、というのは、モラル的に考えられないことですが、選挙結果は惜敗。県民も「見ていられなかった」というのが正直なところなのでしょう、こうして市民の作った知事の、わずか十一カ月間の短い闘いは終わったのでした。


古くから「官打ち」という言葉があるそうです。なんと平安時代からの政争で使われるテクニックの一つだそうですが、つまり、追い落としたい政敵に対して、わざと重要なポストを与え、身動きの取れない状況を作り出して政治生命を奪う、というやり方だそうです。

私個人のこの大田知事時代の反省は、自ら進んでこの「官打ち」の状況に入り込んで行ってしまったということです。

「権力をあやつる」ということの難しさを、痛いほど分からせてくれた十一カ月間でもありました。

第九章　市民政治が三・一一後の希望の光

政権交代で深まる政治不信

ここまでは、実際の市民運動の経験から、それをめぐる政治・行政の実態と考え方についてお話をしてきました。ずいぶんいろんな局面があって、本当に忙しい日々でしたが、吉野川をめぐる運動では可動堰計画を中止にさせることができ、関わったみんなはそれなりに報われたとは思います。

ただ、これまでそんな市民運動を、何の迷いもなくやってきたのかと問われれば、正直言って「これでいいのだろうか」という迷いは常にあったのです。

ひとつは運動の「果てしのなさ」です。どこまで行っても「これで完結」ということがないのです。吉野川可動堰計画にしても、時代が変わり、可動堰建設を公約にした政治家が当選でもすれば、いつでも再浮上することはあり得ます。永遠に造らせない、という保証は得られません。それこそ「仕上がる」ということがない。

可動堰計画ひとつに、これだけの人間が膨大な時間とエネルギーを注いで、ようやくストップさせられるという状況って一体何なんだろうと思うのです。

中には運動の最中に亡くなった方もいますし、何十人もの人が、この「可動堰計画」のために、人生の何分の一かを奪われてしまっているのです。結果としては計画をストップさせられたので「報われた」と言えますが、それとて永遠という保証はどこにもないのです。

国の官僚が霞ヶ関の机の上で思いついたこんな計画に、なぜ市民がこれだけ振り回されなければいけないのか。まあ運動は個人の自由ですので「好きでやっているのだろう」と言われればそれまでですが、やはりそれでは済まない人間としての自然への思い、未来への思いがそこにはあるわけです。

やはりもっと常からのスタンダードとして、市民の思いを反映した政治に変えていくことはできないのか、モグラたたきみたいに、出てきた問題に市民がいちいち格闘するのではなく、そのモグラたたきの機械そのものを作り変えることはできないのだろうか、と思うのです。

近年、政治を変えるための大きな動きとして注目されたのは民主党への「政権交代」でした。私も長い市民運動の中で、やはり諸悪の根源は「自民党政治」にあるのではないかと思い、政権交代に大きな期待を持って民主党を応援したのです。

田中角栄に象徴されるような、自民党の土建型利権政治を止めさせることができれば、そこから新しい未来が切り開かれてくるのではないか、そして民主党を応援することによって、政権の内側へのロビー活動も可能になるだろうと考えたのです。しかし、政権交代後の民主党は、選挙時のマニフェストを守ることができず、消費税増税や原発の再稼動に至っては、自民党との違いがほとんど感じられなくなってしまいました。先の選挙での自民党への先祖がえりは、選挙時の民主党マニフェストに期待した国民の当然の評価だったように思います。

選挙当時、鳩山代表が阿南市の駅前で演説をしていた内容を、今でもはっきりと思い出します。マニフェストに書かれた様々な政策を実現するために、各省庁の「埋蔵金」を掘り起こせば「財源はある」と自信を持って話されていました。

私は、大田知事時代の経験がありますので、そう簡単ではないと思っていましたが、それでも力のある国会議員がたくさんいる大政党なのだから、まさか私の考えとはレベルが違う情報や戦略があるのだろうと受け止めていました。

ところがどうもそうではなかったのです。選挙に勝たんがための、根拠の無いマニフェストとの批判も、当たらずとも遠からずだったのです。

余談になりますが、あの政権交代時の民主党のキャッチフレーズは「コンクリートから人へ」でしたが、あれは徳島選出の仙谷由人さんが決めたそうです。これには前段があって、実は大田知事の選挙時に私が考えた、「モノから人へ」というキャッチフレーズを、仙谷さんが応援演説で再々口にされていたので、おそらくそれが意識に刷り込まれて出てきたのではないかと、私はひそかに思っています。

私が最初に考えた「モノから人へ」という言葉は、土建型ハコモノ優先政治から、人間らしい生き方のできる政治への転換という思いを込めたメッセージだったのです。言い換えれば、官僚主導の政治から、市民が主役の政治へと大転換をしていく必要性を訴えていたのです。

　ところが政権獲得後の民主党は、まるで官僚の代弁者のようでした。ある民主党の国会議員と話しをする機会があって、私が「子どもが青空の下で遊べなくなるような事故を起こす可能性のある原発を、絶対に再稼動させるべきではない」と申し上げたところ、彼は、「CO_2をガンガン出す火力発電所をフル稼働させても、アラブの金持ちたちを喜ばせるだけ。今の日本の産業のためには原発は止められない」と答えられました。

　先輩たちが百年かけて作り上げてきた現在のシステムを、「変えないようにがんばる」のが官僚です。一方で、そこに理念と理想を持ちこんで「変えるためにがんばる」のが政治家です。変えるための政権交代のはずが、いつの間にか「変えないため」に闘っているのですから、国民の失望は大きいものがありました。自民党に代わる選択肢を失い、より政治不信は深まってしまったのです。


　私がこんなことを言うと、彼らのいい分が聞こえてきそうです。「分かっていない。マスコミで報道される部分だけを見て、エラそうに言うな」と。

　確かにマスコミは真理を報道することではなく、「面白いこと」「刺激のあること」にしか興味がない。民主党の人たちもマニフェストの実現を簡単にあきらめた訳ではなく、ウラではそれ相当の努力をしていたのだと思います。が、そんな努力はマスコミのネタにはなりません。

私は、マニフェストの担当の一人だった民主党の福山哲郎議員とは、住民投票時からの付き合いもあり、彼がとても真面目で精力的なのはよく知っています。だけど結果としてマニフェストは実現できませんでした。現実の世界で認められるのはプロセスでなく「結果」です。結果を出せなければ、失望と不信に陥るのは仕方の無いことだと思います。

政治不信と言われますが、「不信」というのは一旦信用して、裏切られるから起こるわけです。それが何回も起こると、それだけ不信は深まっていきます。

不信が深まると、もう一回信用してみようという再生のエネルギーは弱まってきます。

政治不信が極まり、政治への期待が持てなくなってしまった、そこへ一縷の望みを抱いて国民が政権交代という意志を示した。しかし、それさえ裏切られたのですから、一体この国の政治不信はどこまで深まったのでしょうか。希望はまだ残っているのでしょうか。

ナショナルミニマムが元気を奪う

しかし、私のこれまでのお話してきたような経験から言えるのは、どこまで不信が深まったとしても、やはり政治は「我々のものである」、「我々の道具である」ということです。我々のものである以上、その不信は自分自身に跳ね返ってきます。

誰かのせいにするのは簡単ですが、それでは救われないのです。元気が出ないのです。私は政治というのは元気の素だと思っています。

政治が「我々のものである」とするならば、「我々のものでないもの」とは何でしょうか。それが国家であり官僚です。それは我々の道具（政治）で動かせるということになっていますが、本質的に「我々のもの」ではありません。

政治を変えるための正当な手続きであるはずの、「権力をとる」ことによっても、なおかつ政治を変えるのが何故難しいかというと、それは政権交代をしたその時から、その政党、その国会議員たちが、「国家そのもの」になってしまうからではないでしょうか。

自民党もよく言っていましたが、「責任政党」という言葉があります。思いつきで好きなことを言いまくる野党に対して、我々はこの国の現実を動かしている責任があるんだ、野党とは立場が違うんだ、というニュアンスの言葉です。

政権を取った途端に、政治家が国家そのものになる、いうなれば、今まで攻める対象であったものが自分自身になるのですから、自分そのものを変えていくのは大変難しいのです。

ちょっと服を変えるぐらいなら簡単にできるけど、お腹の贅肉を落とせと言われれば相当の努力が必要ですし、早く早くと攻め立てれば、言い訳ばかりしなければなりません。

「我々のもの」である政治が、政権をとることによって国家（＝官僚）に飲み込まれてしまう。

これが、「政権をとって政治を変える」というアプローチの難しさの背景にあるのです。

政権を目指すということは、構造的に、政治不信の泥沼の中に突っ込んでいく、ということなのかもしれません。そして、その政治不信の振り付けをしているのが、他でもない国家（＝官僚）なのです。

官僚たちは明治開国以来、百年以上にもわたって自分たちの保身と繁栄のための建前をコツコツと構築し続けてきました。その建前が、「ナショナルミニマム」という概念です。

ナショナルミニマムとは、一般的には、政府が国民に対して保障する最低限度の生活水準のことで、どこの地方に住んでいても同じレベルの公共サービスが受けられるという、憲法二五条の生存権から派生した国民の権利です。

これを建前に官僚たちは、「最低これだけは無かったら認めない」という「ナショナルミニマムのモノサシ」を自分たちが握ることによって、「認可の権限」で国民の自由を縛り、「お上意識」を醸成させてきたのです。

例えば小学校の教室の天井の高さやグランドの広さも、ナショナルミニマムによって基準が定められていいます。「うちの町は予算が無いから、独自の学校を作らせてもらうよ」というのはナショナルミニマムを満たしていなければ認められないのです。小さな離島で、「グランドなんかできないけど島民みんなで小学校を作る」などというのも認められません。官僚たちの論理では、島民たちの純粋な思いや利便性よりも、ナショナルミニマムの方が大事なのです。

私たちの取り組んだ川の問題にしてもそうです。例えば吉野川では、官僚たちの作った河川審議会の場で、「百五十年に一度」の洪水に耐えられるような工事をすると決められます。そして、その為の基本高水流量が計算され、その計算にしたがって、次々と工事の計画ができ上がっていくのです。そこに暮らす、その川の事を一番よく知っている住民自身が口を挟む余地は無いのです。

地方や住民に任せていたら無茶苦茶になってしまう、国家全体の利益を守るには、やはり我々官僚が決めるべきであるというわけです。

その官僚が決めたことを変えさせようとするならば、これまで書いてきたような大変な努力と長い年月が必要になってくるのです。

まさしく官僚独占が、日本人の元気と創造性を失わせています。ならば、それに対する元気の素はなんでしょうか。それこそが、自分たちで決めること……すなわち「自治」なのです。

「自治」で元気を取りもどす

今、尼崎の市長で活躍されている稲村和美さんとは、彼女が兵庫県議会議員だった頃からの付き合いですが、彼女が政治に興味を持ったのは、阪神大震災のボランティアに関わってからとのことでした。

彼女に徳島に来てもらって、「自治ってこんなに面白い」というトークイベントを開いたのですが、そこでの彼女の話が印象に残っています。彼女たちが働くボランティアの村の中で、「禁煙」ということを決めたそうですが、それが人から押し付けられたものでなく、自分たちで決めたら守れるし、逆に守ることが楽しいというのです。

そして被災地の復興を効率的に進めていくには、いろんな取り決めをしていくのですが、やはり自分たちで決め、守っていくのは、楽しいし納得もいく……結局「自治」ってそういうことなんじゃないかと、彼女は言うのです。

私たちの吉野川の運動も、「楽しい」ということを基本にしていましたが、やはり自分たちの住んでいる町のカタチを自分たちで決める、というのは、とても大変だけど基本的に楽しいことなのです。

そしてその「楽しい自治」が、自然破壊や無駄な公共事業、ひいては戦争といった、国家＝官僚の暴走を防ぐということにもつながっています。といいますか、それらを防ごうと思えば、自治を強化するしかないのです。

母なる吉野川の自然は、自治を求める徳島市民の努力によって守られました。最近ではオスプレイ配置などが問題になっていますが、岩国や沖縄の基地問題にしても、かつて住民投票を求める運動が盛り上がりましたが、いずれにしても、もっと自治が認められていれば、国家の思惑通りにはいかないのだと思います。

逆に言えば、国防の名のもとに、自治が踏みにじられているのです。言うなれば、あの凄惨な沖縄戦をもたらした戦時と同じ構造が続いている上で、今も生活を余儀なくされているのですから、沖縄県民の心はなかなか晴れることがないのです。

そもそも地方自治の概念というのは、第二次世界大戦の反省からヨーロッパで生まれたと言われています。いわゆる「補完説」というものです。

補完説とは、本来政治決定は、その影響を受ける住民に近いところでなされるほど、そこで暮らす人間にとってうるわしいものになる、という考え方です。村や市のレベルで、自分たちの町のことを決定することを基本とする。そしてそれだけで解決できない村境や市境をはさむ問題については県が補完をする。県境をこえる問題については国が補完する、というわけです。

できるだけ住民に近いところに権限を持たせることによって、税金の使い方も無駄がなくなっていきます。理論的な可能性の話ですが、世界中の「地方」に基地を拒否する権限があれば、世界は平和になるのではないでしょうか。

自治が強まるほど、生き方の多様性が認められてエコロジーと平和の方向へ向かうはずです。もちろんそれは自己決定という責任も伴いますが、しかし責任を自覚した国民が増えることは、逆に「強い国」のベースにもなっていくのです。

佐藤優さんが著書『国家論』で、「右翼」の立場から「市民社会の強化」を訴えていますが、逆説のようでもそれが実際だと思います。佐藤さんによると、国家は弱くなるほど暴力性を発揮しやすくなるというのです。そして国を強くするために、それに相対する市民社会を強化しなければならない、というのです。

なぜ地方自治が強まるほど、平和と多様性が保たれ、エコロジーな社会になっていくかというと、誰も自分の近くに危険で激しい騒音を伴う米軍基地は欲しいと思わないし、家の前を流れる川は美しい方がいいと思っています。ましてや子どもたちの未来を奪う可能性をはらんだ原子力発電所など、自分の村にはいらないはずです。

ごみの最終処分場は完全に無くせないにしても、できるだけリサイクルを進めて少なくしたいと思いますし、自分たちの町を美しくしたいとがんばるはずです。

国の官僚の決めた計画からいかに予算を分けてもらうかでなく、自分たちで町のカタチを決められるなら、自ずとエゴの塊のような下品な地方議員も減っていくはずです。

もちろん市民はいつでも正しい選択をするとは限りません。欲望原理から、官僚よりももっとひどい自然破壊をするかもしれません。しかし、それとて自己決定によるものならば、必ず修正のフィードバックが機能し、長い目で見て大きな問題は減っていくだろうと思いますし、何よりも市民の中に、そうさせないという意欲が湧きあがってくるに違いありません。

なぜならそこには「無関心」や「無力感」がないからです。「動けば変えられる」と感じるとき、人は初めて元気を取り戻すことができるのです。

こういった意味から私は、政治を変えるために政権交代をめざす、ということを否定はしませんが、その構造的な困難さを考えたとき、やはりもう一つのアプローチである「市民政治を強くすること」に希望の光を感じるのです。

市民政治も権力に向かっていく、という方向は変わりませんが、ただ「政権をとる」というような小さな目的では良しとしません。私の考える市民政治の目指すものは「自治」、「エコロジー」、そして「ポスト資本主義の未来」を描く大きな夢と希望を作ることなのです。

生きる意味がすり潰されていく市場経済

今、私は買い物弱者対策のソーシャルビジネスを日々の仕事にしています。毎日、地域を一軒一軒訪ね歩いて人の話を聞き、またスーパー経営者や求職者の話を聞くことが日常となっていますが、そんな日々の中で実感するのは、今の資本主義、グローバリズム市場経済が本当にいよいよ行き詰まってきたということです。

大きな新築の家を建て、余裕で暮らしている人がいる一つ隔てた通りには、日々の生活と明日への不安で、ビクビクと神経をすり減らしながら生きている人がごまんといます。

小さなスーパーの経営者は、郊外にできた大型ディスカウントストアの影響で目に見えて客を失い、笑顔に陰りが見えています。

家族を養いながら失業した人たちは、日々絶望と闘いながらハローワークへ通っていますが、なかなかいい情報に巡り合えない求職活動の中で、夢をあきらめ、生活をダウンサイジングし、どうやって子どもを食べさせていくかという深刻な問題に頭を抱えています。

また、たとえ仕事が見つかっても、市場経済の競争原理の中で合理化・効率化を極限まで求められ、休日もクタクタになって、とても人間らしい時間を過ごせることなどできないのが現実です。

「人件費が一番たいへん」と言われ、人件費削減のために仕事の内容はギリギリまで絞られ、厳しいものになっていますが、そもそも人件費とは生きる糧そのものです。人件費を削減する、と簡単に言いますが、それは人間らしい生き方を削っている、すり潰しているのと同義語なのです。

市場経済のもとで求められるものは、多様のようでいて実は均一です。それは一見どのような仕事であれ、「いかにして金を集めるか」ということに集約されるのです。「いかにして金を集めるか」という巨大システムに人間がぶら下がって、何とかうまくやったりやれなかったり、弱肉強食の生き残りゲームを繰り広げているのです。

姜尚中さんが、著書『悩む力』の中で、経済人類学者カール・ポランニーを引用し、「悪魔のひき臼」「市場が社会をなめつくす」などという言葉を使っていますが、まさに現状は、市場経済という悪魔のひき臼によって、日々、ゴリゴリと人間生活がすり潰されていくようです。すり潰されていくのは、まず「夢」であり、家族と家と仕事のある「人間的な生活」であり、「人間の尊厳」です。

そしてひき臼の底からは、年間三万人以上もの自殺者や膨大な数のうつ病患者が吐き出されているのです。夢も平凡な幸せもつかめない世界の中で、ポツンと取り残された人間は、「生きる意味」を見つけることがとても難しくなっています。毎日の生活の中で、「生きる意味」を探す闘いに明け暮れているのが、今の日本の現実なのです。

市民政治がエコロジー社会を実現させる

そんな行き詰まったグローバリズム市場経済を打破し、変えていくのはやはり「エコロジーの思想」しかないと思います。エコロジーの思想こそ、これからの日本の目指す方向、日本人の共通の大きな夢にしていくべきではないでしょうか。市場経済の中での、企業の「イメージアップ作戦」としての「エコ」でなく、脱・物質主義の、本物のエコロジー思想です。

今、私たちが「夢」や「幸せ」という時、それは私たちが物心ついた時からの社会の価値観である「物質主義」に完全に毒されているような気がします。

私の育ってきた時代は、より良いものを消費するのが夢でした。いい車を買うこと、いい家に暮らすこと、海外のリゾートに行くこと……。これらの夢に共通するのは、全て大金がかかることです。今、私たちが問題にしている市場経済は、まさにこの「金のかかる欲求」をエネルギー源にして肥え太ってきたのです。そして昨今の新自由主義の中で、規制が取り払われ、ドンドンと大金が一部の人へ、そのまた一部の人へと吸い上げられていくのです。

昨日のお金持ちも、今日の、明日のお金持ちへと吸い上げられ、その勝ち組もいつ自分が吸い上げられる立場に回るかと思うと、夜も眠れずに神経をすり減らし、幸せを感じられていないのかもしれません。

言い切ってしまえば、これからの日本人が幸せになるには、「金で幸せを買う」という価値観からの脱皮しかないと思いますし、その最大のヒントがエコロジーの考え方にあると思うのです。

これまで私たちは、がんばってお金をかせぎ、広告によって刺激されて欲しいと感じられたモノ（サービス）を買うけれど、すぐに飽きて思ったような幸せが感じられない、それでまた空虚感を埋め合わせるために次のものを買う、そしてまた……、という道を延々と歩いてきました。ミヒャエル・エンデの『モモ』に出てくるような灰色の男たちにダマされて、時間を時間銀行に預けさせられ、「自分の時間」を失ってしまったのが現代人なのです。

それと比してエコロジー思想は、「脱・物質主義」です。モノを消費することでなく、自然の循環を意識しながら人間のエゴ中心主義からの脱却をめざします。お金をメディアとした物流に対して、自然の物質循環である生態系を大切にすることによって、その中で生きることの充実と幸せを見出す思想です。

難しいことではないと思います。私が今、原稿を書いているのは子どもたちの夏休みですが、昨日も子どもたちを連れて近くを流れる鮎喰川《あくいがわ》に遊びに行きました。底まで透き通って色とりどりの小石がキラキラと美しく輝く清流に身を浸し、プカプカと流れていくその時間は、まさにこれ以上の気持ち良さはない、お金では買えない幸せな時間です。

鳴門にある母の家の前の大毛海岸《おおげかいがん》は、海水浴場ではないので完全にプライベートビーチ状態なのですが、朝早く出かけて行って一人で一時間ほど泳いでいると、何だか自分がこの世界の海の王様になったような、なんともいえないさわやかな気分にさせてくれます。

サーフィンのロングボードで、小さくてもメローないい波に一本乗れたら、その日一日「生きる意味」など問うこと自体が馬鹿らしくなるほど、体と魂が満たされているのです。

そんな奇跡のような自然とのつながりを大切にし、自分の時間を取り戻していくヒントがエコロジー思想にあると思うのです。

「足るを知る」新しい世界市民へ

エコロジー思想の先駆者に、経済学者のシューマッハーがいます。私はその著書『スモール・イズ・ビューティフル』を学生時代に授業の課題で読み、感銘を受けたのですが、今あらためて読み直すと、以前にも増して現代の我々に対し、重要な予言と提言がなされていることに驚かされます。

中でも「仏教経済」という言葉が出てきますが、私はこの仏教経済こそが、日本人の伝統から言っても受け入れやすい、これからの価値観の在り方だと思うのです。

俳優で、政界やジャーナリズムでも長年にわたって脱・物質主義を提唱してきた中村敦夫さんは、仏教経済を「足るを知る」ことだと言います。この「足るを知る」とは、一見とてもストイックで、なんでも我慢をすることだととられるかも知れませんが、少し認識を深めると、そうではないことがわかります。

私は今の「消費による幸せ追求」に対して、逆に「足らないを知る」ことから始めてみてはどうかと思うのです。

いい家に住んでも、いい車に乗っても、テーマパークやゲームやパチンコで楽しんでも、どこか満たされない空しいものが残る、という感覚に気づくということです。切り離された感覚とでも言うべきでしょうか。いくら消費してもどこか「幸せ感」が「足りない」のです。

何が足りないのか……それは、素晴らしい自然の中に一旦身を投じれば、たちまちに理解されます。我々は「人工」という閉じられた世界に、息苦しさを感じているのです。我々は、「自然」という自分の「外」の世界とつながることによって、はじめて立ち位置の確認ができるのです。「先祖」や「子孫」も同様に、外の世界につながっている感覚を感じさせてくれます。世界や地球、宇宙という限りなく広がる外の世界とのつながり、原初の時から、限りない未来へ向かって永遠に続く時間という流れ。そんな座標軸の中で、ただ一点の交わりである、自分という存在の確かさと不可思議さ……。

「足るを知る」とは、何と開放的で自由なことなのでしょうか。私自身、まだまだ足るを知らないことだらけですが、これからはもっともっと足るを知る方向へ、幸せを追い求めていきたいと思うのです。

そんな脱・物質主義を、この現実世界のスタンダードにしていく新戦略が、この本で私が提案したい「希望を捨てない市民政治」なのです。

悪魔のひき臼である市場経済を脱して、新しいエコロジー経済を政治の中で現実のものにしていくために、今ほど市民政治が求められている時はないと思うのです。


なぜ市民政治なのか、理由は簡単です。これまでの既成の政党政治を、選挙を通して支えているのは、企業や組合やイデオロギーや新興宗教など、いうなればこれまでの市場経済の中でその価値観に沿うように、あるいは対立共存をして成り立ってきた組織です。

政治を成り立たせているのが、政治家の支持者であるとすれば、やはりその価値観や枠組みから逸脱するような変化を求めるのは難しいでしょう。

そこでやはり政治を変えていくためには、脱・市場経済、脱・資本主義のエコロジー思想を理解し求める、しがらみから解放された新しい市民のネットワークしかないのです。我々は、右や左の古い価値観から出た思想ではなく、持続可能性を最も重視した、エコロジーな社会の実現を目指す新しい世界市民である、ということをここに宣言したいのです。

あとがき

宮沢賢治ではないですが、自分一人が足るを知っていても、世界全体とつながった幸福感は得られません。やはり「他者」との関係性の中で、はじめて自分があるのですから、私たちは自分だけに閉じこもらずに、この世界を変えていくことにチャレンジし続けなければならないのだと思います。

他者からいかにして限られたパイを奪い、金を吸い上げるかというグローバル市場経済に対抗して、他者と限りない自然や時間を分かち合える社会づくり、政策実現を目指して、私たちは今一度、希望を捨てずに立ち上がらなければならないのです。

脱原発、脱ダム、脱基地をあきらめる必要はないと思います。

それどころか今は、カントの提唱したような、世界中のどこにも紛争や戦争、飢餓のない世界平和を作る夢、そして「格差社会」を増殖させ続けた資本主義に代わる、「新しい世界システムの構築」に向かって、大きな夢と元気を取り戻す時なのです。

私は今、自分自身を含め、日本中で絶望ぎりぎりのところで希望を捨てずにがんばっている人たちが、少しでも元気を出せるようにとの祈りを込めてこの本を書きました。

政治を変えることは必ずできる、そして市民政治こそがそれをなしとげ、希望を作り出すことができる、というのが、これまでの経験から確信を持って言える私からのメッセージです。

この本を読んで下さった方が、希望を捨てずに新しくつながりはじめることになれば、これ以上の幸せはありません。一歩ずつ、前へ向いて進んでいきましょう。

この本は、二〇一〇年秋、あまりにも突然に逝ってしまった吉野川市民運動の偉大なリーダー、姫野雅義さんとの魂の対話から生まれました。もし姫野さんが生きていてこの本を読まれたら、ウ〜ンと首をひねられて、私の認識の未熟さに呆れるかもしれませんが、少しでも「姫野方式」を後世に伝えようという私なりの努力に免じて、お許し願いたいと思います。姫野さんの思想は、『第十堰日誌』（七つ森書館）という本の中でも触れることができますのでご一読をおすすめします。

最後に、怠けがちな私をいつも励まし、汚い字で埋められたノートを何日も夜遅くまでパソコンに打ち込んでくれた妻に、そしてこの本を世に送り出す勇気ある決断をしてくださった緑風出版の高須次郎氏に最大の感謝を申し上げます。

いつか世界中から戦争がなくなる日、世界中の人びとが、「足るを知る幸せ」を感じられる日が来ることを信じて。

[著者略歴]

村上　稔（むらかみ　みのる）
1966年（昭和41年）徳島市生まれ
京都産業大学外国語学部卒
平成11年～23年　徳島市議会議員
平成12年　吉野川住民投票を実現（住民投票の会事務局）
現在　買い物弱者対策のソーシャルビジネスに従事

著作等
『吉野川対談　市民派を超えて』（俳優・中村敦夫氏との対談）

メールアドレス　mm920@aioros.ocn.ne.jp

希望《きぼう》を捨《す》てない市民政治《しみんせいじ》
——吉野川可動堰を止めた市民戦略

2013年5月15日　初版第1刷発行　　　定価2000円＋税

著　者　村上　稔©
発行者　高須次郎
発行所　緑風出版
〒113-0033　東京都文京区本郷2-17-5　ツイン壱岐坂
［電話］03-3812-9420　［FAX］03-3812-7262　［郵便振替］00100-9-30776
［E-mail］info@ryokufu.com　［URL］http://www.ryokufu.com/

装　幀　川﨑孝志　　　カバー写真　村山嘉昭
その他写真　村山嘉昭、村上美智子
制　作　R 企 画　　　印　刷　シナノ・巣鴨美術印刷
製　本　シナノ　　　用　紙　大宝紙業・シナノ　　　E1200

ISBN978-4-8461-1310-0　C0036

◎緑風出版の本

■全国どの書店でもご購入いただけます。
■店頭にない場合は、なるべく書店を通じてご注文ください。
■表示価格には消費税が加算されます。

ダムとの闘い
―思川開発事業反対運動の記録
藤原　信著

四六判上製
二六四頁
2400円

今再び凍結中のダム事業が復活している。土建業者だけが儲かる、何の意味もない、自然を破壊し、地元住民を苦しめ、仲違いさせるだけのダム事業。その中でも、極めつきが、栃木県の思川開発事業。その反対運動の記録。

よみがえれ！清流球磨川
―川辺川ダム・荒瀬ダムと漁民の闘い
三室勇・木本生光・小鶴隆一郎・熊本一規共著

四六判並製
二三二頁
2100円

内水面の共同漁業権を武器に川辺川ダム計画を中止に追い込み、また荒瀬ダムを日本で初めてのダム撤去に追い込んだ、球磨川漁民の闘いの記録。既存ダムを撤去に追い込む闘い方を含め、今後のダム行政を揺るがす内容。

〝緑のダム〟の保続
―日本の森林を憂う
藤原　信著

四六判上製
二三〇頁
2200円

森林は治水面、利水面で〝緑のダム〟として、不可欠なものである。森林の荒廃を放置すれば、数十年後には、取り返しのつかない事態になる。森林の公益的機能を再認識し、森林を保続するためにはどうすればいいのか？

脱ダムから緑の国へ
藤田　恵著

四六判並製
二二〇頁
1600円

ゆずの里として知られる徳島県の人口一八〇〇人の小さな山村、木頭村。国のダム計画に反対し、「ダムで栄えた村はない」、「ダムに頼らない村づくり」を掲げて、村ぐるみで遂に中止に追い込んだ前・木頭村長の奮闘記。